控制性详细规划方案三维建模及风热环境评价

3D Modelling in the Regulatory Plan and Its Applications to Analysis of Wind and Thermal Environment

骆燕文　著

中国建筑工业出版社

图书在版编目（CIP）数据

控制性详细规划方案三维建模及风热环境评价 = 3D Modelling in the Regulatory Plan and Its Applications to Analysis of Wind and Thermal Environment/骆燕文著. —北京：中国建筑工业出版社，2022.4

ISBN 978-7-112-27170-2

Ⅰ. ①控… Ⅱ. ①骆… Ⅲ. ①城市规划—设计方案—建模系统—研究 Ⅳ. ①TU984

中国版本图书馆CIP数据核字（2022）第040766号

本书探索一种适用于控制性详细规划（以下简称控规）方案的三维建模方法及风热环境评价应用方法，解决当下控规方案三维展示性不灵活及缺少对风热环境评价的问题，辅助规划设计人员在控规编制过程中直观地把握不同方案的三维空间效果及风热环境效应。本书共6章：绪论、控规方案三维模型属性研究、控规方案规则建模方法、规则建模辅助分析控规方案风环境、规则建模辅助评价控规方案热环境、结论。

本书适合空间国土规划、城市设计、环境规划、环境设计领域的科研和设计人员、省市县城镇行政管理部门人员，以及上述相关专业高等院校师生阅读参考。

责任编辑：徐仲莉　范业庶
责任校对：张惠雯

控制性详细规划方案三维建模及风热环境评价
3D Modelling in the Regulatory Plan and Its Applications to Analysis of Wind and Thermal Environment
骆燕文　著

*

中国建筑工业出版社出版、发行（北京海淀三里河路9号）
各地新华书店、建筑书店经销
北京建筑工业印刷厂制版
北京中科印刷有限公司印刷

*

开本：787毫米×960毫米　1/16　印张：14　字数：221千字
2022年6月第一版　2022年6月第一次印刷
定价：**79.00**元
ISBN 978-7-112-27170-2
（38896）

前　言

控制性详细规划（以下简称控规）是政府实施规划管理的核心层次和最主要依据，在城市规划编制体系中具有承上启下的作用。控规作为国土空间规划“五级三类”中重要一类详细规划，它填补了总体规划（以下简称总规）空间形态示意的缺陷，为修建性详细规划（以下简称修规）提供具体建设依据，对城市三维空间的塑造和环境品质都有很重要的影响。然而目前控规在编制过程中没有实现与三维空间真正意义上的结合，也十分缺少对城市物理环境的考虑。为此，本书探索一种适用于控规方案的三维建模方法及风环境、热环境评价应用方法，解决当下控规方案三维展示性不灵活及缺少对风环境、热环境评价的问题，辅助规划设计人员在控规编制过程中直观地把握不同方案的三维空间效果及风环境、热环境效应。

本书分 6 章，从以下内容展开阐述。

第 1 章：主要阐述控规方案对城市三维空间和城市物理环境形成的影响关系，总结现阶段我国控规三维建模存在的问题及国内外相关理论的研究与实践。基于已有的研究基础，提出以我国控规方案为研究对象，围绕如何高效构建控规方案三维模型以及如何利用该模型辅助控规设计进行风环境和热环境分析展开研究。

第 2 章：探讨控规阶段三维城市模型属性。结合控规三维模型的价值取向，对控规方案阶段的三维模型做出定义，提出控规三维模型是依据控规方案建立的一种城市基本三维形态模型。归纳控规三维模型具有以下特征：以城市整体布局表现为重点，微观层面表现为配合；具备一定的规律性和重复性；具备一定的弹性和引导性。总结控规三维模型的建模要素应包含五个方面：地形模型、道路模型、地块模型、建筑模型和植被模型，并明确控规方案三维城市模型的细节层次 LOD（Level of Detail）应以 LOD1 和 LOD2 为主。

第 3 章：从控规方案三维模型属性出发，探索如何利用规则建模方法构建控规方案三维模型。通过控规三维模型属性研究可知，规则建模方法适用于控规阶段的三维建模，然而具体建模步骤和方法仍需要进一步讨论。因此本章对如何利用规则建模方法构建控规三维模型进行了详细阐述。基于控规三维模型的属性分析，归纳和分类得到规则构建该模型应表达的控制指标和模型细节层次。采用 CE（City Engine）规则建模方法，提出 CE 批量建模性质可与控规的低精度建模性质结合，规则语言描述特性可与控规控制指标结合。归纳 CE 规则建模构建控规方案三维模型的主要步骤为：（1）数据收集与处理；（2）建立地形模型；（3）CE 规则程序编写；（4）模型生成与输出。最后对控规道路模型、地块模型、建筑模型和植被模型的 CE 规则编程文件进行解读与展示，这些规则编程文件可应用于其他控规建模场景。

第 4 章：讨论如何利用规则建模方法辅助分析控规方案风环境。采用基于城市围合度的城市通风分析方法分析城市构筑物对城市通风的阻碍能力，可比较快速地评价城市构筑物对城市通风的影响程度，适用于控规方案设计阶段的通风分析。然而该方法需要城市三维模型作为数据提取的基础，因此本章提出将规则建模与城市围合度通风分析相结合的方法。选取影响城市通风的控规控制指标，利用规则建模法高效建立控规建筑三维体块，并提取剖面面积数据，用于绘制城市围合度图，再将城市围合度图与城市风玫瑰图叠加。围合度图与风玫瑰重合的面积越多，通风环境越差，反之通风环境越好。用此叠加图分析整个城市和各个分区的通风情况，并提出优化建议。

第 5 章：基于控规指标与热环境形成的关系，探讨如何利用规则建模方法辅助控规方案热环境分析。已有研究提出控制指标与城市热环境有一定的定量关系，然而还缺少对控规控制指标与城市热环境的定量关系进行比较完善的总结研究。本章讲解如何利用控规指标与热环境的关系进行控规方案的规则建模方法，实现构建控规三维模型的同时还可以评价其热环境。将控规控制指标与城市热环境评价指标——城市潜在热岛强度日累计值的定量关系作为评价热环境的依据，采用单元地块设计、热环境数值模拟、多元线性回归分析等方法进行分析和归纳，得到控规指标与城市热岛潜在强度的数学模型。最后利用 CE

规则建模语言对获得的热环境数学模型进行编辑，实现根据地块的控制指标获得热岛潜在强度日累计值，并对地块的热环境等级进行评价。

第 6 章：综述本研究的观点及成果。

本书中的不妥之处期盼得到各方面的批评、指正。此外，感谢广西艺术学院学术著作出版资助项目（XSZZ202110）对本著作出版的支持。

目　录

第1章 绪论

1.1 控规与城市环境概述

在伴随高速城市化不断产生环境问题的背景下，我国对城市可持续发展的要求不断提高[1]。作为城市开发建设和管理的依据，城市规划是实现城市稳定有序发展的重要前提[2]。控制性详细规划（以下简称控规）是我国规划体系的重要组成部分，也是规划管理的直接依据，在城市开发和建设中发挥着重要作用[3]。控规产生于20世纪80年代，在我国已有40余年的历史。随着时代的发展，控规的技术体系日益趋向成熟。控规以控制性指标作为主要规划管理依据，实现对城市建设项目进行具体的定性、定量、定位和定界的控制和引导，是城市规划和建设中的重要一环。然而，控规在编制过程中暴露出来的“重”二维信息、“轻”三维空间、指标修改随意、欠缺考虑物理环境等诸多问题，使其在新时代的规划要求下面临挑战。同时目前传统的三维城市建模方式虽然视觉展示效果好，但三维城市模型通常是静态和固化的，难以准确地反馈控规指标，也难以满足参数查询、辅助三维空间和物理环境分析等深层次的应用，并且传统建模方法的时间和劳动成本高，特别是在建模范围大的情景下存在明显的局限性。因此如何在控规编制过程中增加方案三维模型的表达，并增加对城市空间和物理环境的考虑，是提高控规合理性和科学性以及创建可持续城市发展必须不断探讨的问题。

1.1.1 控规在城市规划中的重要性

我国城乡规划编制体系包括省域城镇体系规划、总体规划（以下简称总规）、分区规划、控制性详细规划（以下简称控规）和修建性详细规划（以下简称修规）等，规划范围、层次和内容逐渐从宏观到微观。总体规划是对城市未来发展的预期做出总体的战略性和框架性的安排；分区规划是在总规的基础上对局部地区的土地利用、人口分布、公共设施、城市基础设施的配置等方面做进一步安排；修规是对局部城市地块做的具体建筑和工程建设。而控规是以总体规划或分区规划为依据，确定建设地区的土地使用性质和使用强度的控制指标、道路和工程管线控制性位置以及空间环境控制的规划要求[4]。控规是以地块的用地使用控制、环境容量控制、建筑建造控制、城市设计引导市政工程设施和公共服务设施的配套，以及交通控制和环境保护规定为主要内容，以指标量化、条文规定、图则标定等方式对各控制要素进行定性、定量、定位和定界的控制和引导。换言之，控规是对城市开发临界点的控制，它规定了城市在开发建设的时候什么能做，什么不能做，能做的限值在哪里。从三维空间而言，在这个临界点的规定下，城市每个地块的三维空间会有一个基本轮廓，城市的具体建设都是在该三维空间轮廓范围下进行。

在我国市场经济的大环境下，总规和分区规划往往对具体的开发行为缺少控制力和约束力，而修规则往往缺少对市场行为的引导力[5]。控规作为一种对传统详细规划改良和变革的手段，适应了我国城市管理和开发建设的新形势要求，弥补了总规和修规中的信息缺失。控规对城市空间开发建设做控制，填补了总规三维空间形态示意的缺陷，为修规提供具体的建设依据，最大限度地实现规划的可操作性[6]。此外，控规还是协调城市各利益方的公共政策平台。城市规划实际也是对资源利益的分配，其编制过程涉及各个阶级和团体的利益。控规既要落实城市管理者的规划意图，也要科学合理地权衡经济、环境、人文之间的关系，保证公众利益不受侵害。

控规在我国现行的规划编制体系中有着核心地位，衔接城市规划的宏观与微观、整体与局部。经过审批的控规是政府实施规划管理的核心层次和最主要依据，控规也在权衡各方利益方面有着重要作用，因此合理科学地编制控规非常有意义。

1.1.2 控规对城市空间的影响

控规在发展初期，只引入了区划中的一些地块控制核心指标，例如容积率、建筑密度、绿地率等，编制的目的只是便于城市土地的批租，协调地块之间的使用关系，但缺乏城市设计思想[4]。为了适应城市建设在三维空间形态方面的更高要求，后期的控规注入了城市设计思想，目前城市设计已经成为编制控规的一项重要内容。很多城市在控规中加入城市设计辅助展示城市三维空间，图 1–1 为南宁市某地块控规中城市设计附加图。而上海市在控规成果中纳入“附加图则”的方式将城市设计成果法定化[7]。在控规编制过程中，规划师需要对规划用地进行强度分区，推敲各种指标的设定对地块的影响，优化指标控制下具体的三维城市空间和形态以及各种环境性能，这个推敲过程必然包含将抽象开发的控制指标到具体的城市三维模型的生成工作。

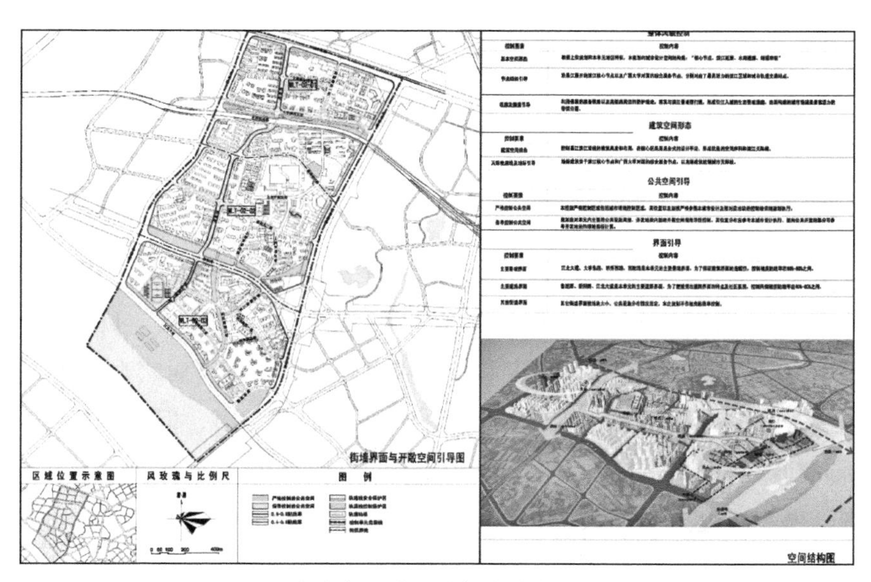

图 1–1　南宁市某地块控规中城市设计附加图

城市规划编制办法的实施细则中明确规定了控规的控制指标中包含规定性和指导性两类指标，规定性指标是必须遵守的指标，指导性指标是建议性指标[4]。指导性指标包括对建筑形式、体量、风格、色彩的要求以及其他环境要素，事实上明确了城市设计在控规中的应用，也证明控规对城市景观环境有着直接的影响作用。而规定性指标，例如容积率、建筑密度、建筑限高等指标，虽不能明确建筑的具体形态，但是根据这些指标可以预测建筑三维体量情况及城市轮廓线，也对城市三维空间环境有着影响作用。同时控规的控制指标只对城市建设做了最基本要求：规定哪些是一定做，哪些是一定不能做，建议哪些可以做。在这种情况下，城市风貌会有一个变化空间。也就是说，即使是在同样的控制指标要求下的地块，也可能出现不同的城市情景。若能在控规编制阶段对未来城市建成景观环境的三维空间做预测和分析，对合理科学地衔接已建成环境、传承城市景观风貌和机理以及权衡公众利益有重要意义。

然而目前在控规中引入的城市设计存在一些问题，首先表现在城市设计融入控规的方式大多是以二维图的方式，其表现内容有限。其次，传统的城市设计表现形式为二维化，较难随着控规编制修改过程所见即所得地展示城市三维空间环境，难以对城市三维空间的视廊和视域等方面进行分析。

控规的控制指标有很强的三维属性，但目前城市设计意图较难落实在控规中，使得控规在塑造城市三维空间方面缺乏严谨性和有序的控制力。

1.1.3 控规对物理环境的影响

对于控规而言，其规划范围一般在数十平方公里到若干平方公里之间，在城市规划领域，该尺度介于中观和微观之间，是一个中等尺度。目前城市物理环境的相关研究集中在宏观大尺度和微观小尺度之间，即针对宏观层面（区域、城市尺度）和微观层面（建筑、街道）的相关研究非常多，但是对片区、地块级的研究却没有受到重视。但中观尺度是上述两种尺度的连接点，其气候要素与宏观、微观尺度差异很大。在 20 世纪 70 年代，Oke 的研究发现，不同尺度下的城市物理环境变化存在显著差异 [8，9]。在 Cuevas 的研究中发现，就城市物理环境来说，制约中观尺度的城市温度的机制与区域、城市以及街道内观测的并不一样 [10]。这迫使气候环境研究不能只关注全球区域化的宏观尺度或建筑街区的小尺度，而应该聚焦城市片区，根据不同片区的实际情况和特点进行热环境研究 [11]。

1.1.3.1 控规对风环境的影响

城市通风的优劣与人的身体健康和舒适程度有着密切关系，良好的城市通风是提升城市空气流通能力、缓解和改善人体舒适度、降低建筑物能耗的有效措施，在改善城市环境品质等方面有着重要的作用 [12]。城市形态、用地布局、建筑功能设置等可以直接影响城市通风环境。因此规划师希望在城市的功能布局、建筑布局等方面达到和谐、平衡的同时，也能兼顾城市通风。

对于街巷和建筑尺度的微观层面而言，合理的建筑布局和围合方式有利于夏季通风，营造舒适的室外风环境；而不合理的建筑布局和围合方式容易形成峡谷效应、旋涡等情况，导致室外风环境恶化。然而在中观的片区层面，城市的风环境评价主要是加强夏季城市通风能力带走污染物，以及避免加剧冬季寒风。在该尺度下，城市的具体形态和细节构造对城市通风的影响可以忽略，而城市构筑物的体量和布局、通风廊道的布局、用地布局等则是评价城市通风能力的重点 [13]。而控规恰恰是通过对用地使用性质和环境容量做设计实现对城市地块三维体量和布局的控制，因此从控规层面讨论城市的通风环境更加切合对城市风环境的考察。在规定性控制指标，例如建筑密度、容积率、建筑限高等指标的限定下，地块内构筑物的开发受到定量和定界控制，可形成基础三维体量形态。同时控规也对城市通风廊道，例如城市道路、绿地布局等做了明确的布局和面积规定。从中观尺度的风环境影响机制方面来说，控规与其有着直接且重要的联系。

因此，在控规编制下可形成城市三维空间的雏形，高效评价该三维空间雏形下的城市通风情况非常重要。若能根据控规的控制指标定量预测和评价城市通风情况，并指导控规修改和调整方案，可为后期的具体开发建设，即从微观层面优化风环境打下一个好的基础。

然而目前对城市风环境的分析大多是用数值模拟方法对设计方案进行风环境模拟，获得模拟结果后再反馈到规划方案中。对于数十公里的规划范围来说，风环境数值模拟过程往往是工作量极大且难以反复验证的。同时在控规编制过程中，规划师极少会将风环境纳入考虑范围，这造成很多项目实际建成效果往往不能达到要求，有些项目甚至还与设计意图背道而驰 [14]。究其原因，首先是规划师自身原因，其传统的思维未得到突破创新；其次是控规的编制很大程度上停留在二维文本和图则上，没有一个三维立体的规划成果辅助规划师从空间角度考虑建筑布局对风环境的影响。

在控规的规划尺度下，城市和片区的通风受控规影响，但目前控规编制过程中缺少对城市通风的考虑。如何将控规方案三维可视化，并为规划师提供一种较为便捷的风环境分析方法，是控规未来适应城市发展高要求需要解决的问题。

1.1.3.2 控规对热环境的影响

随着全球经济和城市化的快速发展，城市改变了原有的自然环境。高密度和高强度活动量带来的热环境不舒适的问题日益严重[15]。在城市规划中通过控制建设指标优化城市热环境是一个有效切合实际的方法。

从热环境的研究尺度和管理强度来说，在城市规划各个阶段中控规与城市热环境的关系最紧密，且对城市热环境的影响更大、意义更深。不同于在总体规划对大尺度用地做用地性质规定，也不同于修规只对一个小地块做具体设计，控规通过具体的控制指标来约束和规范城市地块的开发和建设。在控规阶段，规划师需要对较大空间尺度的规划区域做更细的划分，得到几十个甚至数百个地块。这些地块形成的热环境复合形成了更大尺度和范围的热环境效应。从地块到片区对城市热环境做深入研究，可以更加明确城市规划的建设指标与热环境之间的关系。正如岳文泽曾提出："在控规地块尺度上进一步揭示控规控制指标组合的热环境绩效，对于定量评价控规热环境效应、提出缓解热岛效应的控制措施具有重要意义"[16]。

从城市热岛形成的原因来看，控规对城市热环境形成有着重要的影响作用。许多学者指出：导致城市温度升高的因素包括太阳辐射、大气层条件、人为活动参数、城市空间布局和构筑物材料等[17]。在这些因素中，有些是人为难以控制的因素，例如太阳辐射、大气层条件[17]；有些是复杂多变的因素，例如人为活动参数，受到社会文化、政治经济、城市功能空间等因素的综合影响[18]；有些是便于控制的，例如城市布局、开发强度、建筑设计这些与城市规划和城市设计密切相关的因素，是城市规划部门和设计师可控制和主导的因素[19]。而上述对城市热环境有重要影响的规划因素在控规层面可进行直接控制。控规的控制指标，例如建筑密度、容积率、绿地率等对城市热环境有着绝对的影响力，因此通过控规控制指标对城市热环境进行优化的操作性很强。如果能建立控制指标与热环境之间的关系，则可实现在控规中充分考虑城市热环境，让规划方案与热环境设计实现有机融合。

虽然目前针对城市热环境的研究已经非常多，很多国家相继提出了缓解城市高温的策略和政策，但是将研究成果运用在预测和指导城市建设以改善城市热环境方面的效果却不佳，或者说两者结合的进程十分缓慢。例如，很多研究明确提出增加城市绿地和透水铺装面积可以有效缓解城市热环境，但对于不同的绿地设计会得到怎样的热环境却没有进一步解释。类似的研究结果对于规划设计人员来说指导意义不强，致使优化城市热环境很多时候只能停留在理论研究，迟迟不能普及应用在城市规划编制体系中切实地改善城市热环境[11]。可以说迄今为止，关于控规方案对城市区域热气候影响的相关研究还非常缺乏，且主要以定性分析为主，缺乏有说服力的计算模型和数据作为理论支撑[20]。

在控规地块尺度上讨论控规控制指标下的热环境情况，对于定量评价控规热环境效应、提出缓解热环境的控制措施具有重要意义。但目前控规在编制过程中缺少对热环境的考虑。如何在控制指标制订过程中为规划师提供一种较为便捷的热环境分析方法是一个非常值得探讨的问题。

除了上述提到的三维空间环境及物理环境中的风环境和热环境，控规对城市的光环境和声环境也有一定的影响。影响机制主要是控规方案对地块的使用控制和环境容量控制。例如，通过对地块的限高可以大概评估周围地块日照环境受到的影响，从而影响光环境；通过对地块使用性质和绿地率的规定，可以估算该地块声环境的最大极限值，对制订声环境标准有辅助作用。

1.1.4　构建控规三维模型的迫切性

控规方案的三维模型对预测城市三维空间环境有着重要作用。控规编制方案的三维模型通常是在城市设计中出现，随着我国城市的迅速发展，大量的新建用地需要开发，控规指导建设的任务变得更加重要和明确。控规方案的三维模型化可将控规指标三维空间化，直接呈现城市空间环境，将城市设计与控规更好地进行衔接，对城市三维空间与景观塑造有直接的辅助作用。

然而在控规实施过程中经常遇到指标调整的情况，使得控规与城市实际建设出现无法解决的矛盾。其中一个原因在于控规编制运用二维城市底图和指标缺乏修正机制，难以有效地指导规划设计。传统城市设计表现的三维规划效果图事实上是静态的三维城市景观，很大程度上没有将控规指标准确地反馈到三维模型中，更不能实现三维模型与控规方案实时变动的动态模型。

控规方案的三维模型对城市物理环境的分析也很重要。城市风环境、热环境等物理环境均在城市这个三维空间中形成，人的活动也在城市三维空间中进行，因此从三维空间讨论城市物理环境比在二维平面中更加真实细致。王方雄等利用三维城市模型组合设计对城市三维形态与热环境的关系进行了研究，发现城市三维空间布局的合理性对缓解城市热环境有显著作用，考虑热环境优化设计的空间布局也为规划方案提供了更加科学的依据[21]。孙澄宇提出控规还需要推敲相关指标的各种分布设定，优化其对应的具象城市三维形态与各种物理环境性能，必然包含从抽象开发指标到具象三维形态的转变过程[22]。同时对采用数值模拟技术的城市物理环境研究而言，三维模型则是模拟对象，三维模型的范围、层次等条件的设定直接影响模拟结果。因此对城市物理环境的分析离不开对三维空间的分析。

城市物理环境的研究本身需要储备的知识是传统规划设计人员较难掌握的。城市物理环境分析研究需要考虑温度、湿度、太阳辐射等气候条件，而规划设计人员更加注重社会、经济、文化等因素；物理环境的感知可通过数据和身体感知，而规划设计人员在感知上更偏向视觉和空间维度；城市物理环境研究涉及气候学、物理学等多学科，分析过程离不开遥感技术、数值模拟、数据统计，而这些知识点对于善于图像和文字表达的规划设计人员来说无法全部理解和掌握。城市规划和设计对城市风环境和热环境影响重大，所以在方案编制过程中预测城市风环境和热环境情况，让规划设计人员培养气候意识设计的思维方式非常重要和有意义[23]。

从20世纪90年代英国建立Bath城的三维城市模型开始，城市三维建模至今已经有了较大的发展[24]。近年来，以“数字城市”技术为主实现三维城市模型的再现逐步受到重视。借助计算机技术的帮助，通过将三维城市模型与 GIS 集成能提高建模效率和真实性，将多种规划设计方案结合现实环境，辅助规划设计师评价方案，有着提高方案设计的合理性、缩短设计周期、降低设计成本、促进公共参与等作用。城市三维建模技术凭借自身的几何属性与相关信息，对有效控制城市资源、合理选择城市空间发展方向、正确进行城市规划管理都有很重要的辅助作用[25]。

控规由于规划范围大，包含的城市构筑物多，且在控制指标要求下的三维空间没有唯一性，因此控规方案构建的是一种非精细的三维城市模型。目前对于城市三维建模主要针对视觉上的城市景观展示，建模范围小，模型展示精度高。普遍采用的建模方法是手动建模，建模过程工作量大，且完成的模型除了静态景观展示后无其他用处。因此目前针对控规这样大尺度、大范围的城市三维建模的研究较少。

控规三维模型是一种非高精度的三维城市模型，若能高效构建控规方案三维城市模型，将三维空间效果进行及时反馈，则可为规划师提供视觉上的直观感受，拓宽控规方案的分析视角，辅助分析控规方案对物理环境的影响，从而提高对控规合理性和科学性的判断。

从上述研究背景可知，控规的控制指标对城市三维空间塑造及城市风环境和热环境都有很重要的影响作用，目前对其方案三维建模方法和应用，以及风环境和热环境方面的考虑太少，在控规编制过程中高效构建控规三维模型以及增加风环境和热环境的分析迫在眉睫。基于以上背景，本研究提出一个比较理想的方法是：根据控规控制指标，将控规方案以三维模型方案灵活快速地展示出来，并利用该三维模型辅助规划师对城市风环境和热环境进行分析和评价。

该方法非常直观，也最符合规划师的工作流程和思维方式。但是实现上述设想有两个不可避免的问题：第一，如何根据控规方案和控制指标建立城市未来可能的风貌和情景，并将这种可能性的情景，以联动性、高效性和三维可视化的方式展示出来；第二，如何利用该融入控制指标的三维城市模型辅助分析控规方案的风环境和热环境。

为了解决以上问题，提出本研究的目标：从控规出发，探讨高效建立控规方案三维城市模型的方法，实现三维城市模型随着控规方案联动变化，并利用该三维城市模型辅助控规在编制过程中进行风环境及热环境分析，提高控规方案的合理性和科学性。

1.1.4.1 本研究的目的

为实现上述目标，本研究分为以下三个具体目的：

（1）实现高效和动态地建立控规方案的三维模型。

本研究需要提出一种适用于控规阶段的非高精度三维城市建模方法，实现在控规控制指标下高效地建立城市三维场景，该三维城市模型可随着控规指标的改动而联动变化，可辅助规划师进行城市三维空间和景观环境分析。

（2）归纳控规控制指标与城市风环境和热环境的关系。

在已有城市风环境和热环境相关研究的基础上，找到控规控制指标与风环境和热环境的联系点，为使用融入控制指标的三维模型辅助分析控规方案的风环境和热环境提供理论基础。

（3）利用控规三维模型辅助分析控规方案的风环境和热环境。

在控规方案三维模型的基础上辅助分析风环境和热环境情况。实现依据方案三维模型和相关控制指标便可分析城市风环境和热环境，使规划师在规划设计过程中直观可视化地掌握不同控制指标组合下的风环境和热环境情况。

1.1.4.2 本研究的意义

本研究的意义在于以下三点：

（1）研究推进控规由“二维平面”向“三维空间”的表达转变，促进控规编制的合理性和科学性。

控规有很强的三维属性，而传统控规编制过程中主要以二维形式表达信息，即使以城市设计作为辅助，也是平面的三维景观展示，并未实现真正意义上的三维化。城市控规是以相关指标对地块进行控制，在这些指标和建议下可形成城市三维场景的体块雏形，它能更加详细地表达控规的相关规定，也是促进规划师、开发商、公众对方案理解的重要对象。因此三维城市模型在辅助分析控规方案合理性和城市管理方面有着重要意义。本研究就如何建立控规阶段三维模型进行讨论，提供一种结合控规控制指标即可快速建立控规方案三维模型的方法，并且实现三维模型的多功能利用以及三维模型随着方案实时变动的效果。该部分研究成果可为规划师分析控规方案的合理性和科学性提供一种更加便利直观的方法。

（2）研究为规划师提供一种更加符合其思维方式和工作方式的城市物理环境分析方法。

在城市物理环境研究成果丰富的今天，绝大多数研究成果仍然停留在认识和描述城市物理环境现象，以及建立城市物理环境与城市要素之间的关系层面上，缺少将这些研究成果转化为模拟和预测模型来指导规划师在规划设计过程中对物理环境的理解和把握。同时受制于规划行业的思维方式和知识维度，难以将热环境研究成果与城市规划有效结合。如何为规划师提供一种便捷有效的控规热环境评价方法非常重要。本研究将城市物理环境评价方法与三维城市模型相结合，实现在三维模型上直接辅助分析城市物理环境，可以让规划师在规划过程中根据方案的变化实时评价物理环境效果，非常有利于规划师在控规方案设计过程中把握建设指标与物理环境关系，也有利于其优选控规方案和采用合理的手法改善城市物理环境。

通过上述研究，获得本研究的最终目标是从控规出发，高效建立精度要求不高的控规方案三维模型，同时辅助规划师在控规方案阶段评价控规方案的三维空间环境、风环境和热环境。虽然目前对城市三维建模和城市风环境、热环境的研究很多，然而真正从控规角度出发的相关研究却很少。

对于大面积的城市建模，目前规划行业常用的建模方法都比较耗时耗力，无法轻松地建立大面积的三维城市模型。而对于控规风环境和热环境分析评价，涉及的控制指标众多，因此总结控制指标与建设要素之间关系的工作量较为繁重。最后，就算将上述两个问题都解决了，如何将三维模型应用于辅助风环境和热环境评价也是需要解决的重点问题。若能解决上述三个问题，将对城市规划角度出发的三维建模以及可视化风环境和热环境评价研究有突破性的进展。

围绕如何实现本研究目的和上述提到的问题，以下将对国内外相关文献做综述研究，具体从传统三维城市建模研究、新兴的规则建模研究、城市规划视角下风环境和热环境研究三个方向做了文献综述。通过文献综述发现目前研究存在的问题以及未来发展的趋势，从而确定本研究可借鉴的方法和研究内容，提出本研究方案设计，并明确本研究的创新点。

1.2 相关研究综述

1.2.1 控规三维建模研究现状

1.2.1.1 城市三维建模常用方法

城市建模是对城市系统的模拟或仿真的过程，又可称为城市模型化，它是研究城市系统因果关系或相互关系的重要前提和手段[26]。在“二战”结束后，欧美城市开始城市重建计划，因而针对大、中尺度的城市模型研究逐步形成。城市模型形式多样，有二维平面、三维模型、数学模型等形式。本研究的对象为“三维城市模型（3D City Model）”，主要指利用计算机技术建立的几何三维城市模型，它是集合计算机技术、地理信息系统、数字测量系统等相关学科的综合应用。具体是指城市地形地貌、地上地下人工建筑物的三维表达，反映对象的空间位置、几何形态、纹理及属性等信息。三维城市模型可以分为两种，一种是反映实际建成环境的三维城市模型，一种是反映规划设计的虚拟三维模型。

当前，国内外三维城市模型的数据获取主要有三种方式，包括导出数据、远距离获取数据（航空影像、卫星影像、高空影像等）和近距离获取数据（人工测量数据、近景摄影测量数据等），这三种获取数据的方法分别对应不同的建模方法。一般采取以下四种建模方法：交互式三维建模、基于 GIS 的城市三维建模、基于影像（图像）的城市三维建模、参数化程序建模，其建模效果分别如图 1-2 ~ 图 1-4 所示。其中交互式三维建模和参数化程序建模主要应用于虚拟建模，基于 GIS 的城市三维建模和基于影像（图像）的城市三维建模方法主要用于实景建模。

1. 交互式三维建模

交互式三维建模是基于规划图纸等二维数据，利用三维建模软件（AutoCAD、Sketch Up、3D Max 等）进行建模。该方法基于数字线划数据，附加建筑高度和纹理信息来构建城市三维景观。这种建模方法通用性高，适用于各种情况的建模，因而使用率和普及率高。在城市规划方案展示中基本采用此方法进行城市三维建模。同时热环境数值模拟的三维模型基本也是采用交互式三维建模方法。交互式三维建模层次高，对于自然物，例如树木、城市小品等物体的三维建模效果较好。但是在人机交互过程中需要大量的手工操作，对于大范围区域的城市三维建模，采用此方法非常费时耗力[22]。此外，采用此方法建立的三维模型大多是静态展示城市景观，并不能便捷地修改模型。

（a）

（b）

图 1-2 手工交互式三维建模效果

（a）AutoCAD；（b）Sketch Up

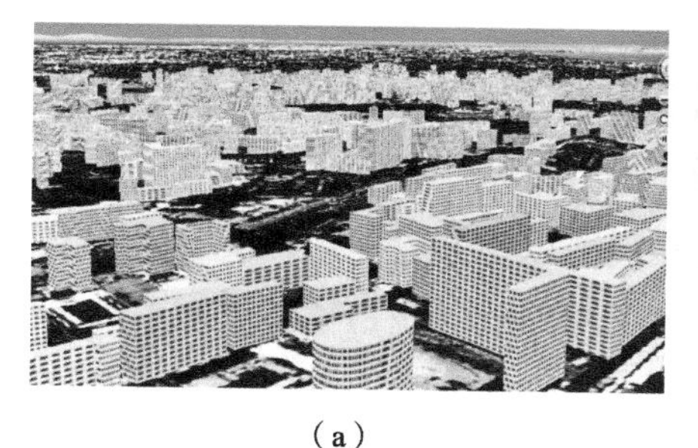

（a）

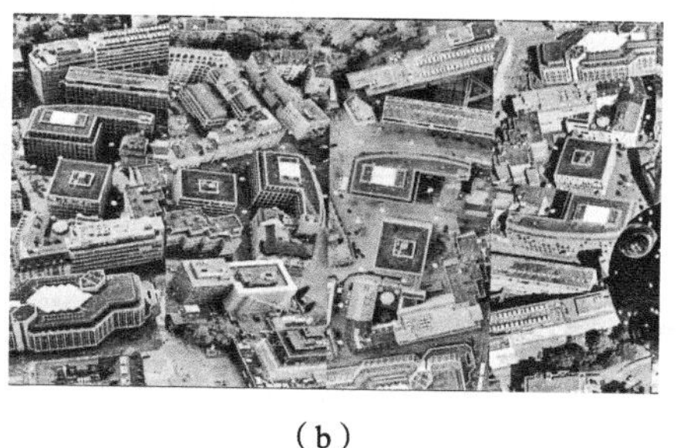

（b）

图 1-3 基于 GIS 的城市三维建模、基于影像（图像）的城市三维建模效果

（a）Arc Scene；（b）Arc MAP

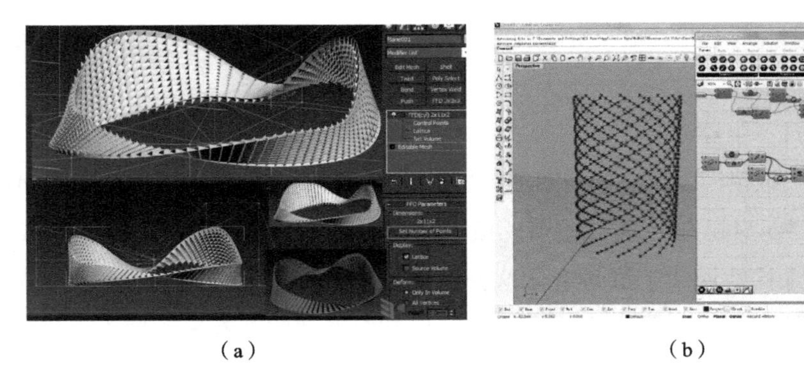

（a）　　　　　　　　　　　　（b）

图 1-4　参数化程序建模效果

（a）3Ds Max；（b）Grasshopper

2. 基于 GIS 的城市三维建模

此方法是直接利用传统 GIS 的二维线划数据和对应的高度属性构建三维城市模型，再对各建筑物表面赋予对应的纹理：基于 GIS 二维数据与数字高程数据并结合建立建筑物承载体地表模型，根据建筑物高度信息建立具有真实地理分布的三维模型，最后赋予纹理完成城市三维景观模型的构建，属于手工建模和半自动建模[27]。GIS 数据包括属性和空间数据，因此直接在二维 GIS 数据的基础上进行城市三维建模是一条快速和经济的途径。该方法适合几何形态规则的建筑物体建模，并不适合复杂形体的建模对象[28]。同时 GIS 建模方法具有一定的局限性，基于 GIS 的建模方法获取的建筑轮廓线等信息基于已有建筑，因此只能建立建成环境三维模型，而对于构建规划设计阶段的三维城市模型，则需利用其他建模方法辅助完成。

3. 基于影像（图像）的城市三维建模

该方法利用立体影像和数字摄影测量技术，获取对象点坐标，建立数字地表模型，通过物体表面纹理映射得到最终三维模型。根据数据来源可分为远距离获取和近距离获取两种方法，其中远距离获取包括航空影像、卫星影像、机载激光扫描等，近距离包括近景摄影、地面和车载激光扫描等。基于影像的建模方法基本属于半自动和全自动建模。其优点是获取数据方便和建模劳动强度不大，适合大尺度范围的城市建模。但近地数据获取采集受作业空间和环境条件影响较大，特别是在建筑密集地区、受通视条件限制较大的地区较难创建高质量模型。而远距离数据获取成本高，且建成的模型不能详细描述细节特征。对于基于图像的三维模型，有学者提出其实质不是三维建模，而是图像绘制 [29]。实景模型也只能在规划前期对现状分析有帮助，但对于后期设计存在一定的局限性。

4. 参数化程序建模

随着信息技术和计算机技术的发展，参数化程序建模在 20 世纪 80 年代末逐渐占据主导地位 [22]。参数化程序建模是用计算机语言来确定几何参数和约束的一套建模方法，用此方法可以定义建模对象的特征和相互关系，只要能够明确给出建模各层级之间的关系，参数化建模可以建立复杂但可控的参数化三维城市模型 [30]。在对三维城市模型的要求不仅是三维参数，还需要具备辅助管理、分析、决策等要求的情况下，参数化建模是未来城市三维建模的重要突破口。在城市三维建模中，规划行业人员常用的参数化建模对象主要以精细建模为主，工具包括 3Ds Max、Grasshopper、Maya、Rhino 等。

1.2.1.2 控规三维建模方法

由于目前我国控规编制主要针对新区，因此三维建模主要以虚拟三维建模为主，若在规划范围内存在保留已有建筑，则需要进行已有建筑实际建模。建立控规三维模型的常用工具如上节所述，主要为交互式三维建模、基于 GIS 的城市三维建模、基于影像（图像）的城市三维建模和参数化程序建模四种方法。

欧美地区有与我国控规相近的规划。美国的分区规划（Zoning）主要作用在于将土地分区规划，以合理地使用土地、有效控制和引导城市的发展。英国的地方发展框架（Local Development Framework）与上层规划衔接，同时指导下层建设，旨在维护公共利益，对于公益性强的规划设计采取强制性控制。荷兰的土地配置规划（Land Allocation Plan）针对新区建设用地，明确了土地的布局和功能，并对建筑高度和容积率做了规定 [31]。由于欧美地区的城市化基本完成，城市规划编制的任务偏向于改善建成环境，因此其三维建模对象以建成环境为主。故欧美地区在对应我国控规规划阶段的建模方式主要以基于影像（图像）的三维实景建模为主。即使有新建用地，其规划范围也难出现类似我国控规中出现的大尺度，而是以小尺度为主，故其建模方法以精细建模为主。

但是在大范围的虚拟城市建模领域，国外很多学者提出利用程序建模实现三维城市建模，例如利用 ArcGIS 结合参数化工具将城市建设指标融入三维模型中，将定量的指标以空间形态的方式展现出来，辅助规划师和公众对规划的理解[32，33]。

国内的控规编制主要针对新建区域，故其方案的三维建模主要是虚拟建模。交互式三维建模方式在控规编制过程中使用最普遍。规划编制中的指标数据（例如地块面积、建筑后退红线等）、控规图则、分析图等都是以 AutoCAD 工具完成，在此基础上利用 SU 交互建立三维城市模型。例如马亮等利用 CAD、Sketch Up 与 Google Earth 的结合建立城市三维模型，并对基于两款软件辅助城市规划在前期调研阶段现状资料的获取、规划方案构思阶段的分析、日照环境分析法的构建、城市风环境分析法的构建、虚拟城市设计平台的构建以及规划管理平台方面做了应用研究。

但在黄潇的研究中提出，交互式三维建模方式在控规方案三维建模中存在缺点，体现在图形和属性信息没有做有效联系，因此属性信息无法在图形中直观、准确和便捷地表达出来[34]。Durdurana 等提出交互式方法建立的控规三维模型不具有快捷生成大范围三维城市模型的功能，因此不能建立各属性间以及各指标间的联系，也使得规划内容缺少联动性，不利于修改规划方案[35]。

因此在控规三维建模方面，越来越多的研究偏向于应用基于 GIS 的建模方法和参数化建模方法，比较有代表性的研究如下：

江梓杉以南宁市安吉片区为例，在控制性详细规划的编制中引入三维建模技术，从特定控制因子计算、规划设计条件叠加和三维模型动态校核的角度辅助指标体系的制定，避免依靠传统经验判断控制指标体系造成的不足。其研究利用层次分析法和德尔菲法构建判断矩阵确定因子权重值，利用 Arc GIS 空间分析功能建立分析因子数据库，采用栅格单元对各因子进行叠加运算，并通过聚类法获得开发容量强度分区图[36]。但是其建模方法还需基于构筑物的二维设计轮廓线，无法实现全自动生成三维模型。

杜金莲等根据二维数字地图中不同地物具有不同颜色的特点对地物进行分类定义，设计了地物轮廓提取算法获取地物对象的轮廓信息，设计基于距离测度的简化算法生成地物边界关键点从而获得地物对象在二维平面上的几何形状信息。在获得建筑物二维几何形状的基础上，利用不同类型建筑物层高有区别的特点设计了地物高度生成规则，最终实现三维城市模型的自动构建[37]。该方法对于可提取建筑物轮廓线的建成环境非常适合，但是对于规划设计阶段的虚拟构筑物，还未提出更有效的三维建模方法。

孙澄宇等以控规建设强度规划为例，在 Rhino 平台上从街坊容积率、限高、建筑密度等强度开发指标出发，探索了一套城市三维模型的自动生成方法。在街坊、组团、建筑单体三个层面尝试建立层级化的参数原型系统，为在实际项目中通过原型累计来不断缩短研发时间奠定基础[22]。其研究实现了控规方案虚拟三维城市模型的自动建立，同时考虑了城市通风日照等物理环境，是一种非常有效的智能化建模方法。但是该方法所用建模平台对于大范围的城市三维建模还比较吃力，特别是在后期修改方案过程中，三维模型跟随修改方案变化的灵活性不高。

由以上国内外控规三维建模现状可知，目前针对控规这样的大范围虚拟三维城市建模的发展趋势是采用基于 GIS 的城市三维建模与参数化程序建模相结合的方法，并且尽量往半自动和自动化的建模方向发展。

1.2.2 规则建模方法研究现状

1.2.2.1 规则三维建模技术发展

由于控规的目的是指导地块的开发建设，主要针对新开发地区，故该阶段的三维建模主要针对虚拟场景。虚拟场景存在不确定性和多样性，也具备一定的规律性和重复性，而手工建模方式往往只能呈现静态模型，因此根据控制指标自动生成的三维城市模型可根据设计要求做自动改变，更适应控规阶段的三维城市建模。

自动化三维城市建模的实现是基于参数化程序建模，需要借助计算机技术，使用参数（变量）建立和分析模型，通过简单地改变模型中的某些参数值，就可以建立和分析一个新的模型。自动化参数化程序建模方法可用于建立精细复杂的三维建筑模型，也适用于批量构建大范围的城市模型。由于本研究针对控规方案的三维城市建模，因建模范围大、建模细节层次要求不高，因此本研究只针对自动参数化程序建模中适用于大场景的规则三维建模方法进行文献综述。

为了实现高效城市三维建模以及辅助城市管理、分析和决策，20 世纪欧美国家提出了参数化程序建模[38]。“规则”一词原意是指规定出来供大家共同遵守的制度或章程，用于三维建模是指利用计算机程序来对城市三维空间进行规律性描述和约束，并把结果保存为规则，通过这些规则决定模型如何生成。规则建模是将现实世界的信息转化为逻辑信息，它既可以嵌在算法中，也可以配置参数，还可以与评估引擎分开存放；规则的形式也随着采用的工具和方法而有所不同。

最先将“规则”的思想运用于建模是在模拟植物生长规律方面，比较有代表性的研究是 L-system。该系统是由美国生物学家 Lindenmayer 提出来，他总结植物的生长特性和规律，提出了字符串重写机制来描述植物的拓扑结构，同时在描述过程中加入几何形态信息。与植物的生长相似，在一定的气候条件和文化背景下，城市的发展具有规律性，其三维空间也可预测。规则建模通过计算机数据或符号所指代的概念和含义，以及这些含义之间的关系，对数据进行一种更高层次的逻辑表述，实现城市构筑物的自动生成。有学者在 L-system 的基础上提出了 OL-system 系统，通过模拟为了自身发展主动改变环境的过程来模拟城市发展和演化[40]。通过设定的道路框架生成特定样式的城市雏形，然后在基于需求驱动的城市演变模型下进行发展，使其在保持城市布局风格的前提下按照自然的规律发展。Liu 等人根据建筑物的坐标数据，提出一种三维城市模型自动生成程序来实时产生随机虚拟城市，为防御自然灾害做逃生指导[41]。孙澄宇提出基于知识工程理念的自动生成方法，探索在以自适应参数模型描述真实案例所构成的案例库中，通过非结构化数据库的搜索技术，找到可适当变形的案例模型，以实现能够保留各种高层居住街坊的自动生成[42]。

规则定义了一系列的几何和纹理属性，通过规则驱动模型对象的生成，并可以反复修改、优化和深化。规则文件也可以保存、复制，重复应用在不同的案例中。通过半自动和全自动的建模方式，规则建模实现集合参数化和交互式一体化，快捷地实现城市道路路网的自动划分、街区分割、建筑拉伸等功能，这种思维方式非常符合城市规划和设计思维。与传统建模方式相比，规则建模可以约束条件和统一标准，减少建模的繁琐过程，使得建模工作更高效和低成本。因此规则建模在构建大尺度和中尺度范围的虚拟三维城市景观方面具有非常大的潜力。刘凯等学者曾提出“规则建模一般用于工作量繁重的城市三维建模，它是自动建模的新希望，同时体现动态交互特征。对于城市更新无比快速的今天，规则建模逐渐成为城市三维建模的主流”[29]。

目前采用规则自动化建立城市三维建模技术的相关研究很多，以下从构建地形模型、建筑模型以及其他模型三个方面归纳相关研究。

建立三维城市模型的首要内容是构建城市三维地形模型。Sexton 等对网格模型输出进行了矢量化处理，高效构建了逼真的平滑城市地形模型。Saldaña 等基于 L–system，对城市的地理和人口影像的布局进行约束，高效生成地面街道[44]。Lechner 等学者基于参数化程序建模方法实现以交互式构建道路网格、划分地块、布局等功能。Esch 等基于交互式过程建模方法，利用二维图纸交互修改街道的布局和道路走向[46]。Lyu 等学者根据人口、路网和土地利用条件，利用参数化建模方法构建了未来城市布局，得到了较为理想的城市土地利用空间[47]。

建筑是城市最主要的特质，因此建筑模型是城市三维建模的重要内容。采用参数化程序建模方法对三维建筑构建的突出研究主要包括 Pottmann 等，通过对多边形（四边形、五边形、六边形）网眼的合成，构建多种建筑结构模型[48]。Peng 等学者提出一种可自动设计支撑建筑和桥梁的构架方法，实现将质量和压力结合起来的工程设计[49]。Silveira 等通过对矩形几何平面随机划分为房间和过道而对建筑内部结构实现实时三维模型构建，通过重复利用随机规则保证每栋楼层看起来具有相同的效果[50]。

1.2.2.2 规则三维建模在城市规划中的应用

目前很多研究利用规则建模的快速建模以及计算机语言描述建模这两个特点辅助规划师分析城市发展问题。

例如 Sameeh 等将规则建模手法与 GIS 地理信息数据结合，实现高效构建城市虚拟三维模型，并实现交互式虚拟现实展示平台辅助城市规划与设计[51]。Richthofen 等从规划教育者角度出发，利用规则建模方法将“城市元素”作为规则描述对象进行城市三维建模，提出一种更加适合规划教育者传授城市设计的教学方法[52]。Machete 利用规则建模方法构建不同层次细节的三维城市模型，作为冬季和夏季不同季节的太阳能潜力应用分析的基础模型[53]。Grêt–Regamey 等将生态效益与规则建立模型进行结合，让决策者和公众可以结合三维模型可视化了解平衡生态建设与城市规划之间的关系[54]。Koziatek 等利用 CGA 计算机语言模拟了加拿大萨里市的两种可能的垂直发展情形，以此预测城市未来高层建筑发展的趋势，有效辅助规划师对未来人口增加而采取有效的规划措施[55]。Luo 等将规则建模与规划指标结合，批量建立三维城市模型，以此辅助规划师分析规划方案的风环境情况[56]。Luo 的研究还提出基于规则建模的 CE 软件的建模精度适宜城市中观和宏观尺度，因此与控规的研究范围结合；此外，其研究还对规则建模与控规进行案例研究，为计算机语言描述控规建设指标做了有效尝试。

在案例应用方面，目前法国大型建筑工程公司埃法日集团利用规则建模，在一个半月内实现了对法国马赛城市建模。建筑设计源于建筑师对建筑物强大的概念类型设计：建筑师概略地描述了马赛城市七种建筑类型，快速建立了逼真的三维城市模型。整个建模面积为 10km^2，建筑物和要素个数为 15000 个。建模过程采用了多种软件，其中在最后采用规则建模软件实现三维立体景观的步骤中只花了 5min 时间。北京市建立了一套基于规则建模的城市控规和城市交通规划仿真于一体的城市交通规划三维综合应用平台，实现城市综合交通规划的智能化辅助决策。Schnabel 提出将参数化规则建模方法与形态准则结合，实现了在高密度城市中高效构建城市三维模型，并实现了对香港城市的高效三维建筑体块建模[58]。

1.2.3　城市风环境和热环境研究现状

1.2.3.1　城市风环境研究方法

城市风环境不仅直接影响地面活动人群的感受，左右公共空间的环境品质，还能影响空气质量和建筑能耗[59]。良好的城市通风环境对减轻和抑制城市热岛效应也起着积极作用。城市风环境的研究方法，目前主要采用实地测试、风洞实验、风环境数值模拟[60]，如图 1–5 所示。

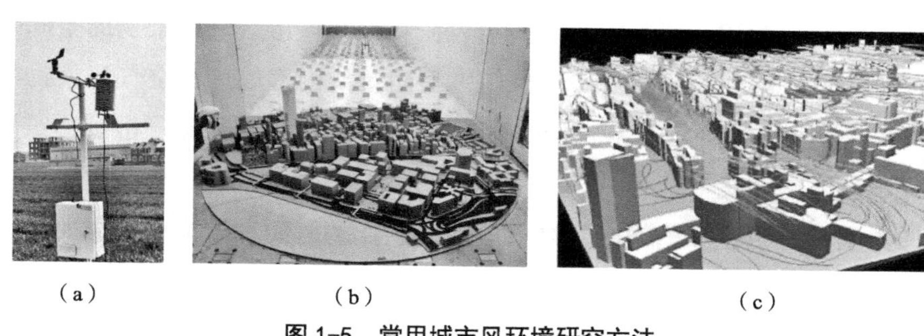

（a）　（b）　（c）

图 1–5　常用城市风环境研究方法

（a）实地测试；（b）风洞实验；（c）风环境数值模拟

1. 实地测试

采用实地测试方法对风环境进行研究是指利用测量工具在目标地区测试空气温度、空气湿度、风速、风向、污染物等的空间分布数据对风环境进行分析［图 1–5（a）］。实地测试方法受制于地形条件、实验设备、人力物力等条件的限制，一般应用于微观尺度的风环境研究，例如城市街区。Badas 等采用实地测试方法收集城市街区的空气温度、风速以及建筑表面、地面温度等基础数据，对城市街谷的风速和空间温度在垂直方向的变化做了研究[61]。而朱侗对闽南地区石结构房屋夏季风环境和热环境进行测试，提出适宜该地区的风和热环境改造建议[62]。

实地测试法在城市风环境研究中的局限性有以下几个方面：该方法受地形条件和气候条件影响较大；若研究区域很大，则工作量非常大，人力和物资成本巨大；由于城市环境复杂，较难保证测试选点的合理性；该方法只能对建成环境进行测试，而在规划设计阶段显得无能为力。

2. 风洞实验

风洞实验是指通过对研究区域的地形和地貌等要素进行等比例缩放，得到模型后将其置于风洞内进行实验［图 1–5（b）］。该实验的关键在于模型需要保证对原始地形的还原，同时要保证风剖面、湍流度、粗糙度、湍流积分尺度等满足相关要求[63]。风洞实验解决了实地测试法无法应对城市环境的气流分析问题，可以不受现实地形条件和气候条件的限制，对任意城市环境做风环境模拟测试。

风洞实验通常用于研究构筑物表面风荷载以及城市空气污染物的空间分布情况。例如 Cui 等利用风洞实验对城市大型建筑群内部的局部空气污染物的空间分布做了研究，在 1∶1000 的建筑模型比例下获得空气污染物扩散到建筑内部的路径和特征[64]。

风洞实验方法存在的问题是高精度模型制作的时间和经济成本很大，因此适用于小尺度精度高的城市风环境，而不适用于大面积大尺度的城市范围风环境研究；整个实验周期较长，无法跟上规划设计方案反复修改的速度；实验过程的测点布置方面也存在诸多不足；实施风洞实验所需的气体动力学知识储备以及实验设备条件不是一般规划设计人员所能掌握和具备的。

3. 风环境数值模拟

风环境数值模拟也称为数值风洞实验，近年来随着计算机技术的发展，各种各样的数值模型被应用于风环境研究中［图 1–5（c）］。比较有代表性的是美国大气研究中心和美国宾州大学研究的中尺度模型（Mesocxale Model 5，MM5）及计算流体力学（Computational Fluid Dynamic，CFD）模型[65]。前者主要用于中尺度的城市风环境研究，例如海陆风和山谷风等；后者主要用于城市内部的空气流动研究，研究区域较小，模拟结果更加精细。

基于 CFD 模型的风环境数值模拟是目前城市风环境研究最普遍的方法，利用该方法对城市夏季工况和冬季工况的风压、风速进行分析，以此评价规划方案的风环境[66，67]。例如 Rajagopalan 等利用 CFD 对新加坡街道的风环境进行分析，并发现有高楼存在地区的风环境对高楼周围热环境有显著影响[68]。Hsieh

等利用 CFD 对城市如何设计风廊引入海洋风缓解城市热岛现象进行研究[69]。沈娟君采用 CFD 方法对城市和各个城区的风环境进行数值模拟，探索城市通风情况和通风廊道的构建方法，通过调整方案和重复模拟对城市的通风廊道做优化设计[70]。

尽管数值模拟方法是目前城市风环境研究使用最普遍的方法，依然存在一些难解问题。第一，CFD 的模拟过程需要掌握的专业技能要求较高，一般设计人员无法立刻上手。因此在规划设计过程中，规划师无法实现边设计、边反馈、边修改方案的理想状态。为了获得合理、正确的 CFD 预测结果，软件操作者需要获得相关流体和固体的所有进口、出口的有效边界条件，以及几何边界和材料属性，并且还要能够正确地识别应用中涉及的流场特性，以便使用正确的 CFD 求解方法。同时还需要确定准确可靠且具有足够精度的网格大小等。第二，目前的物理环境模拟的范围主要是以小范围的片区和建筑为对象，对城市大面积的物理环境模拟还很少。出现这个问题的重要原因是整个城市的信息和数据量非常大，无论是建模还是模拟计算都非常耗时耗力，目前的硬件和软件技术还不能便捷地实现对大面积城市通风环境进行数值模拟。

4. 城市建设指标的风环境研究

对于目前风环境数值模拟方法比较复杂、时间成本大的问题，一些研究也提出了除数值模拟以外的多种预测城市通风环境的方法。

例如将城市多年的气候数据与城市发展进行对比，分析城市发展与城市通风之间的关系，提出基于 GIS 观测城市表面不同用地的面积比例来分析城市风环境[71，72]。

李彪通过数值模拟方法对建筑群影响城市廊道风流动的机理进行研究，在此基础上总结通风流向比率与建筑群宽度、长度以及布局的关系，从而提出基于形态特征的流量系数，并得到形式简单的经验公式。规划师在规划过程中可以根据建筑布局相关指标大致判断建筑群与城市通风的关系[73]。

孙澄宇等依据控规的容积率、建筑限高、建筑密度等规定性控制指标，开发了一种计算机自动生成三维模型的方法。该三维模型可支撑城市尺度下的通风廊道性能计算工作。在完成的三维城市模型下，通过输出建成三维模型的

Excel 报表数据，可对通风廊道的通风能力进行分析 [22]。

值得一提的是，Steemers 提出了通过分析城市不同方向的围合度来反映城市通风情况。Steemers 提出城市中建筑实体与开敞空间疏密相间的分布，并在不同方位上形成迥异的围合封闭特性，通过分析城市不同方位的垂直剖面的高度和面积，可以整体描述城市的封闭程度，从而实现对城市的不同方位通风效率进行评价。Steemers 利用城市建筑布局产生的围合性对欧洲多个城市的通风情况进行了分析。

以上研究均是从城市建设指标或者空间相关指标出发，找到其与城市风环境的关系，并将这种关系进行归纳整理用于指导城市风环境分析。这种研究思路并不能精确获得城市风压、风速等数据，但在中观层面分析片区整体的通风状况却非常有效，是控规层面分析城市风环境值得借鉴的方法。

1.2.3.2 城市热环境研究方法

随着全球经济和城市化的快速发展，城市改变了原有的自然环境，高密度和高活动量带来的热环境不舒适的问题日益严重。城市热环境对人类居住品质有着直接影响。同时为了缓解城市热环境带来的不舒适，城市公共场所大量使用空调降温设备，这也会增大城市能耗。近年来，针对如何缓解城市热环境一直是热点问题 [75]。目前城市热环境研究主要采用观测法和数值模拟计算法，同时，热环境评估软件的研究及探讨控制指标与热环境关系的研究也逐渐兴起。

1. 热环境观测法

热环境观测法包括实地观测以及遥感观测（图 1–6）。

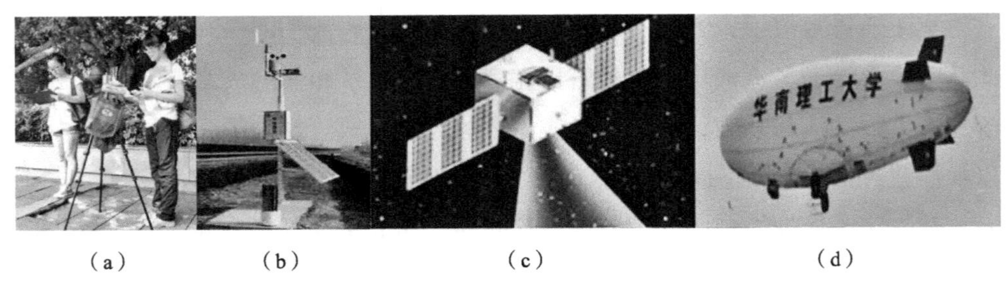

（a）　（b）　（c）　（d）

图 1–6　采用观测法获取热环境数据

（a）动态实地观测；（b）静态实地观测；（c）高空遥感观测；（d）低空遥感观测

实地观测法是最传统的热环境研究方法，因此也最早应用在规划设计领域的热环境研究。实地观测分为动态观测［图 1–6（a）］和静态观测［图 1–6（b）］，是通过对近地面环境进行观测以获得局地气候数据，以此了解局地热环境情况的研究方法。局地气候数据包括空气温度、风速风向、相对湿度、辐射温度等。国外研究最早的是 20 世纪 60 年代 Oke 对多个不同规模的城市（居住人口标准为 1000 万～2000 万）的热环境进行实地观测，得到评估消除城市热岛效应所需风速的计算公式。该公式简单明了，被广泛应用[76]。国内该领域研究最早的是 1982 年周淑贞用观测法对上海市主要城区进行了热环境测试，分析上海城区热环境的变化特征[77]。其研究总结了热环境与城市地块建设指标的一些关系，为后人提供了很多借鉴。近年来 Tong 等对 8km^2 夏季炎热大陆性气候区进行热环境定点观测，分析了城市建筑物、路面、绿化和水域等因素对热岛强度和小气候条件的影响和关系模型[78]。Luo 等采用实地测试法对历史老街区的空气温度、空气相对湿度、太阳辐射等数据进行测试，并对这些参数数据与历史街区的建设指标进行定性对比，最后从绿地设计、建筑布局、建筑色彩方面做了热环境改造设计。Lin 等对香港 10 个口袋公园和周围建筑区域（测试水平距离均小于 100m）进行热环境实地观测，建立了热环境参数与绿地率、建筑密度、乔木覆盖率、灌木覆盖率的关系[80]。

遥感观测是通过空中遥感器收集城市下垫面热环境相关数据，利用热红外反演技术得到地表温度等热环境相关参数，结合下垫面属性对城市热环境进行分析[81，82]。遥感法分为高空遥感［图 1–6（c）］和低空遥感［图 1–6（d）］，研究尺度可小到片区、大到城市区域。高空遥感研究对象主要是区域和城市等宏观尺度[83，84]。刘京等提出城市局地热环境评估方法，采用热环境评估模型与地理信息系统 GIS 相结合的气候评估方法，对广州地区面积 61km^2 的区域进行了热环境评估[85]。但该研究关注对象是大尺度的城市二维下垫面热环境，超出了控规研究尺寸。遥感观测法与控规尺度匹配的是低空遥感观测技术，其研究尺度在水平方向一般介于 500m～2km。该方向技术以华南理工大学建筑节能研究中心的无人驾驶低空飞艇携带可见光和红外摄像设备技术为代表。冯小恒等利用此低空红外遥感系统对面积约 1.2km^2 广州大学城进行了热环境观测试验，并分析了不同用地类型的材料对热环境的影响[86]。

热环境观测法，无论是实地观测还是遥感观测均只能评价建成环境的热环境，无法对控规方案的热环境进行评价，且高空遥感观测法的研究范围过大，并不适合控规尺度。低空遥感观测具有层次高、连续性好的优点，但是受到国家空间管制原因，目前尚不能得到广泛推广。通过分析热环境与城市建设指标的关系和规律，可一定程度上指导规划设计，但是目前研究考虑的建设指标是个别或几个建设指标，并没有与控规编制指标进行结合。

2. 数值模拟法

数值模拟法是通过计算机建立研究对象的几何模型，将理论分析方法应用在模型上进行计算。由于计算机的快速发展，数值模拟法目前已经成为规划设计过程中一种优良的热环境评估方法。数值模拟法分为分布参数法和集总参数法。

分布参数法是基于流体力学计算，即 CFD（Computational Fluid Dynamics），通过对室内外对流、导热和辐射交互的耦合计算热环境分布，该方法可以对研究对象进行非常精细的模拟[87]。分布参数法的模拟软件主要包括 Fluent，Phoenics，Star–CD，ENVI–met 等。目前采用这些软件进行城市热环境的研究非常多，主要集中在城市街道[88]、居住区[89]、商业中心[90]等中小尺度的研究。其中 ENVI–met 采用的湍流模型更适用在中小尺度的城市热环境分析，Martins 就利用该软件对面积约 $2km^2$ 的城市新区进行热环境模拟，并建立了一套促进新区舒适热环境的城市设计指标。

集总参数法侧重分析研究区域的平均温度变化，是对研究对象进行的简化模型。目前基于集总参数法的数值模拟软件主要有华南理工大学建筑节能研究中心发布的 DUTE 软件。该软件使用建筑群热时间常数计算空气温度变化，以建筑群热量收支为基础。由于采用设计人员熟悉的 AutoCAD 软件作为运算平台，计算条件设置简单且计算迅速，该软件被广泛应用于方案设计阶段的热环境预测分析。陆莎等利用 DUTE 软件对广州市 65 个居住区热环境进行研究，并提出了居住区设计指标范围[91]。邬尚霖利用 DUTE 软件对 $41hm^2$ 街区的建筑密度和热环境进行分析，提出了适宜研究街区的建筑密度范围[92]。

数值模拟法可以实现对规划方案的热环境评价，但是工作效率不高，只能针对特定的设计工况进行模拟，且严格意义上来说研究对象均是修规方案。此外，分布参数法普遍存在模拟工作时间长、对计算机负荷大等问题，因此并不适合大范围的规划设计方案，也难以灵活地针对改进方案进行实时更新模拟。而基于集总参数法的 DUTE 软件只能对研究区域整体进行判断，不能获得研究区域某点的参数数据，此外在不同气候区和不同用地类型的适应性方面还需要进一步改进 [87]。

此外，还有一些直接应用于控规热环境评价的热环境数值模拟软件。例如哈尔滨工业大学朱岳梅等在日本九州大学开发的“城市与建筑、舒适性及能量耦合评价模型（AUSSSM）”基础上进行模型改善，提出了“城市区域动态热气候预测模型（UDC）”[20]。该模型由局地气候模块、太阳辐射计算模块、建筑湿热负荷计算模块等组成，将城市中建筑群分布进行了合理地简化处理。此模型可用于城市特定区域热环境的动态定量评估，同时，涵盖了城市与建筑热气候问题的所有主要相关因素，因此，也可以直接应用于城市控规方案的热环境评价。叶祖达等基于 UDC 模型，从城市规划操作应用角度提出了热岛效应的控制指标，以指导城市控规编制，并以北京市某地区的社区详细规划项目为案例进行了量化热环境评价 [17]。但是，目前采用该思路的热环境研究仍然存在尚未解决的问题。例如，采用 UDC 模型（城市区域动态热气候预测模型）只能针对指定的控规设计工况，且由于多个子模块的复杂耦合使得计算过程非常复杂。同时该类模型在参数设置时除了考虑控规指标，还需要考虑非常多的气候条件、人为放热条件等，因此在控规编制阶段难以高效获得热环境评价结果。此外，这些模型也存在计算时间长、评价过程难以与规划编制过程结合的问题。

3. 基于建设指标的热环境研究

近年来有学者在观测法和数值模拟法的基础上对控规阶段的热环境做了进一步的研究：基于城市建设指标的热环境研究。进一步说，是通过对热环境有重要影响的要素进行组合设计，利用观测法或数值模拟法获取不同组合下热环境数据，再建立这些城市要素对应指标与热环境的数学关系，从而将这些数学关系总结归纳。以下为该领域比较有代表性的研究。

在控规控制指标与热环境关系研究领域，岳文泽等结合遥感热红外遥感技术和 GIS 空间分析技术，使用多元线性回归分析方法推算出控规单元中控规控制指标与地表温度的回归系数，从而实现定量评价城市控规的主要技术经济指标及其配置结构的热岛效应[16]。其研究结果表明，绿地率、地块面积、建筑密度、建筑高度在控规单元尺度上对地表温度具有重要影响。岳文泽等人的研究还提出了控规地块对热环境影响最小组合为绿地率为 30%，容积率介于 2.5～3.5。饶峻荃结合广州地区气候条件和街区、建筑特点，采用数值模拟和实地测试的方式，并通过对模拟和测试结果的多元线性回归分析，得到居住区、办公区、商业区三种用地的控规控制指标与热环境评价指标的回归方程系数[93]。刘琳等结合城市控规，将控规控制指标进行分类，并选用有效温度、湿黑球温度、热岛强度作为热环境评估指标；在 UDC 模型的基础上，利用单因子变量的方法分析各个控规控制指标对热环境评估指标的影响，得到评估指标的逐时简化计算模型，并与 UDC 模型进行对比验证。结果表明其简化的模型具有较高的预测精度，同时极大地提高了计算速度[94]。但刘琳等人提出的简化模型和开发的软件处于研究起步阶段，故只能借鉴其研究方法，并不能直接利用其研究结果进行控规热环境评价。基于上述工作，刘琳通过数据导入、数据维护、图形展示、数据导出等模块与简化的技术模型进行耦合，开发了城市控规热环境评估软件，并对广州市规划区域进行了实例应用研究。

基于热环境相关城市要素与城市建设指标的关系，建立城市热环境与控规控制指标关系模型的方法，突破了传统观测法和数值模拟法无法多方案同时对比的局限，且该关系模型只考虑控规指标，实现针对性地评价控规阶段的热环境，可在规划过程中便捷快速地反馈各地块热环境评价结果。

1.2.3.3 控规风环境和热环境研究尺度及内容

1. 控规风环境和热环境研究尺度

研究尺度不同会导致研究内容不同，进而导致研究方法也截然不同。因此针对不同的研究对象和视角而言，界定研究尺度和对应的研究内容及采用的研究方法是首要问题。特别是控规本身在城市规划编制体系中处于中观层次，其规划阶段的风环境和热环境研究尺度及内容肯定与宏观的总体规划和微观的具体规划不同。故本节将对国内外相关研究进行综述，以界定控规阶段的风环境和热环境研究尺度、内容，为建立控规方案的风环境和热环境研究方法提供理论依据。

风环境和热环境对城市环境的影响是多尺度的，例如全球尺度、区域尺度、城市尺度、街区尺度、建筑尺度和人体尺度，不同尺度下的热环境影响对象、因素和效果也会不同。例如建筑单体只会对其周边的风环境和热环境产生影响；城市中心商务区、大型工业园、居住区等的选址、开发和建设则对一个片区的风环境和热环境有影响；而若干个沿海城市则会对周边区域的风环境和热环境均有影响。以下分别从气候学研究领域、城市规划视角、数值模拟视角对风环境和热环境的研究尺度进行文献调研，最后结合城市规划编制制度，归纳控规视角下风环境和热环境的研究尺度。

在气候学领域，很多学者基于气候学理论对研究尺度进行了划分。比较有代表性的是 1975 年 Orlanski 对大气运动的水平方向做了三个尺度的划分：大尺度（Macro Scale）、中尺度（Meso Scale）和小尺度（Micro Scale）。1989 年 Barry 也对城市气候尺度进行了四个等级的划分，他同时考虑了水平方向和垂直方向[95]。这些尺度划分被广泛应用在区域和城市气象研究中。但是在这一层次上的尺度界定是基于气候学视角，相比城市视角其研究尺度会更大、更宏观。

在城市风环境和热环境研究视角下，很多学者也对城市气候评价尺度做了划分。日本学者 Ooka 则将城市风环境和热环境研究分为四个尺度：中尺度模型（Mesoscale Meteorological）、小尺度模型（Microclimate）、建筑尺度模型（Building Thermal Models）和人体尺度模型（Human Thermal Models）[96]。梁颢严等将热环境研究尺度与城市编制体系进行结合，提出了城市气候环境尺度划分，将热环境模拟研究尺度分为区域、城市、街区和地块四个层级[95]。曾忠忠等提出城市风环境研究为以下三个尺度：直径覆盖几百公里的宏观城市边界层尺度、直径覆盖几十公里的中观城市冠层尺度，直径覆盖几百米的微观街区峡层尺度[97]。柏春等提出对于城市总体规划中风环境和热环境的考虑，应考虑水平尺度在 10km 以内，垂直尺度在 1km 以下范围内；对于城市开敞空间，应考虑水平尺度为 1km，垂直尺度在 100m 以内[98]。

在城市风环境和热环境数值模拟领域，也有很多学者对研究尺度进行了划分。例如王晓云将城市气候研究的数值模拟分为城市尺度和小区尺度[99]；陈光提出了不同尺度下适宜采用的热环境评价工具和方法[100]。周雪帆等提出利用不同城市尺度，包括城市冠层模型（UCM）的中尺度气象预测模拟模型（WRF）对城市气候环境进行模拟预测研究，探讨城市高层化及高密度化发展模式对夏季城市气温、风速等的影响程度[101]。

而在城市规划编制尺度，一般认为总体规划属于宏观规划，控规属于中观规划，修规属于微观规划。但对于控规的具体尺度目前尚未有研究或标准做出具体的范围规定。可以明确的是控规用地边界是规划用地和道路或其他规划用地之间的分界线。控规划分用地的权属一般是以用地红线表示的一个包括空中和地下空间的竖直三维界面。在实际控规编制中，用地红线范围从几平方公里到十几平方公里。而对于控规用地红线内的地块划分，《城市规划原理》中提到："用地面积与城市开发模式有关，采用小规模渐进式开发时，控规中划分的地块面积往往较小""地块划分规模可按新区和旧城改建区两类区别对待，新区的地块规模可划分得大一些，面积控制在 3～5ha，旧城改建区地块可在 0.5～3ha"[102]。在实际控规编制方案中，往往根据地块的用地性质、位置、地理条件和规划师的经验做地块划分。例如城市商业区为 150～250m，居住区地块为 150～300m，工业区为 300～500m。

根据以上对城市热环境研究尺度、城市数值模拟尺度和控规编制尺度三个角度的综合考虑，本研究采用 Ooka 和梁颢严构建的城市气候环境尺度，同时结合现有学者对不同尺度下影响城市热环境的主要因素，对城市气候环境尺度划分做了进一步的归纳，如表 1-1 所示。当研究对象的水平距离在 150m～20km 的城市风环境和热环境与控规关系密切，该尺度既反映控规整体方案的范围（1～20km），也反映地块划分范围（150m～1km）。在该尺度下，影响城市风环境和热环境的主要因素为建筑群三维体量和布局及城市下垫面材料等。

城市气候环境研究尺度划分　　表 1-1

尺度	热环境研究水平距离	规划类型	影响城市风和热环境的主要规划与设计因素等
区域尺度（特大尺度）	＞ 200km	区域规划、城镇体系规划	区域功能协调、城市群布局等
城市尺度（大尺度）	20km～200km	城市总体规划	区位、城市规模和形态、用地布局、绿化和水体分布和比例等
片区尺度（中尺度）	1～20km	控制性详细规划（规划范围）	城市下垫面布局和材料，建筑群三维体量和布局等
	150m～1km	控规性详细规划（地块范围）	
地块尺度（小尺度）	＜ 150m	修建性详细规划	建筑形态和材料设计、遮阳设计、室内环境设计等

2. 控规风环境和热环境研究内容

在多年的控规编制实践中，控规的规划编制内容已很明确，但控规中对于风环境和热环境的编制内容并不明确。在控规的规划编制内容中，有些是与风环境和热环境紧密有关，例如用地性质和用地标准；有些与风环境和热环境关系不大，例如基础设施和四线控制要求；有些涉及热环境的内容尚未考虑到，例如建筑立面材料、透水铺装地面等。根据城市风环境和热环境在不同尺度上的已有研究可知，在控规的规划范围内，风环境分析侧重于对控制指标下通风情况的分析；而热环境分析侧重于对控规指标下地块热环境情况的分析。

在控规尺度下讨论影响风热环境的因素有建筑群布局和体量、绿化布局和覆盖率、城市下垫面材料等。这些因素最终均会落实在控规控制指标上。例如叶祖达在其研究中提到控规编制过程中空间、体量、布局等因素均是影响城市温度上升的主要原因，通过制定土地开发规划条件的指标对上述因素进行控制是实现城市热环境舒适的合理方法[17]。Alavipanah 提出，城市的二维和三维两种指标都影响城市地表温度，特别是三维指标在研究不同城市几何形状的表面温度和城市风速方面比二维指标发挥更重要的作用[104]。

而对于这些建设指标的确定已有一些学者做了分类和补充。例如应文等对城市街区尺度的研究对象模拟区域大气流动形成的速度场和温度场，从而得到建筑布局与城市气候的关系规律[103]。刘琳以广州市为例，对影响热环境的11种控规参数进行以下参数分类：建筑类型参数、建筑布局参数、下垫面分布参数[94]。王频等将影响热环境的因素分为空间几何因素和下垫面物性两类，并提出要完整评估街区或地块的室外热环境需要掌握建筑实体、开敞场地和绿化场地的一维与多维属性。此外，还有很多学者对控规中的某些与热环境紧密相关的指标进行了深入研究，例如对建筑密度[104]、容积率[105]、绿地率[106]、建筑围护结构[107]等。同时，诸多学者也提出指标的选取应该与研究对象的气候条件结合，例如湿热地区对建筑排列通风的考虑、夏热冬暖地区对绿化遮阳的考虑等都需要落实到具体的指标中[108]。

基于上述分析可知，制定合理的控规控制指标是控规阶段优化城市风和热环境的基础工作。通过建立控规指标与风环境和热环境评价指标之间的关系，可以辅助规划师在编制控规方案时根据控规指标评价方案对城市风环境和热环境形成的影响。

1.2.4 存在问题及发展趋势

1.2.4.1 存在问题

1. 常用建模方法存在的问题

从上述对传统城市三维建模方法的综述可知，常用的基于影像（图像）的城市三维建模方法更适用于建成环境。同时该建模方法也伴随着巨大的经济成本，这是因为影像（图像）数据的获取成本高昂。此外该方法对硬件和数据获取的门槛较高，在控规虚拟三维建模中并不容易采用该建模方法。

交互式手工建模方法更适合小尺度范围的精细建模，交互建模方法也只适合建模范围小的建模任务。采用手工建模方法建模的时间和劳动成本太大，且很难重复利用，只适用于规模小的城市三维建模。这对建筑师来说非常方便，但对于城市控规而言则不够便利。城市建模对象非常多，采用该软件工具建立的模型不能满足规划师对宏观城市景观和空间关系的把握，容易让规划师陷入

“只见树木，不见森林”的局面。

基于 GIS 的城市三维建模方法有利于获取地形数据和建成构筑物信息数据，对虚拟场景建模还需要其他建模工具辅助。参数化程序建模可以实现自动化建模，在计算机辅助下既可以实现对复杂建筑的精细建模，也可以实现对城市虚拟场景的批量建模。

随着计算机技术的发展，参数化程序建模方法在城市三维建模中的应用越来越广泛。特别是规则建模方法通过总结城市空间规律为规则并重复利用此规则，在大尺度城市建模方面具有很大的应用前景，但是目前该建模方法在控规中的应用还非常少。

2. 三维城市模型存在的问题

三维城市模型多数是静态展示，难以实现动态更新。很多三维城市模型只能用于静态的视觉展示，因此每到修改或更新规划方案时，设计师又需要花费大量的成本构建新的模型。特别是目前全自动建模方法大多适用于实景建模，也就是针对建成环境的建模，并不能对虚拟城市规划方案进行建模。城市规划设计本身是对未来城市景观虚拟的构建过程，需要反复推敲修改，因此如何在方案编制过程中实时获取虚拟的三维模型非常重要。

模型功能单一，没有充分利用三维模型信息。目前在规划设计过程中，构建的三维城市模型仅能够用于立体视觉表达，并不能满足属性查询、三维空间分析等深层次的应用。三维模型本身还具备空间、色彩、物质属性等多种信息，在辅助分析城市物理环境（如本研究关注的热环境）、天际线、城市色彩等方面具备信息基础，因此静态的三维景观并不能满足辅助规划设计要求。

此外，针对控规方案三维城市模型相关特性的研究很少，例如控规方案三维模型需要表达什么内容、表达的精细程度是什么等问题尚需要研究。

3. 控规风环境和热环境研究存在的问题

实地观测法是最传统的城市物理环境研究方法，也常用在风环境和热环境研究中。通过测试获得的风环境和热环境相关环境参数来分析评价测试地区的风环境和热环境。但该方法受外界因素影响和限制太多，且只能针对建成环境的风环境和热环境进行研究，并不适合规划阶段的设计研究。数值模拟法是目前业界应用最频繁的城市风环境和热环境研究方法，可以对建成区和规划区建模后进行数值模拟分析研究，但是想在规划设计阶段与方案改动进行联动分析还存在一定的难度。此外，研究风环境的风洞实验方法和研究热环境的遥感观测方法的软硬件及人力成本均很高。风洞实验更适合小尺度范围的城市风环境研究，而遥感观测热环境法也只能掌握建成环境的现状。

城市规划的目的是对城市未来发展进行合理安排和管理，因此规划方案本身就是一个持续变动的过程。在当前城市环境严峻、城市建设速度极快，以及规划方案逐渐由终极蓝图转变为不断调整的动态过程，单个方案热环境评估的传统方法已经不再满足时代的发展需求。而近年来逐渐受到重视的建立城市热环境与城市建设指标关系的研究，为评价控规方案热环境提供了非常重要的基础，该方法的思想理念也可应用于风环境研究。通过建立控规指标与城市风热环境的关系，可直接辅助规划在控规规划阶段分析城市风环境和热环境。但是目前控制指标与风环境和热环境的关系并没有得到一个较为完整的归纳成果，且对二者关系的已有研究并不能在控规实践中有效指导规划设计人员。因此，笔者发现以下两个现实问题需要解决：（1）规划设计人员需要一种快速便捷评价城市通风环境和热环境的方法；（2）需要一种快速的建模方法为分析风环境和热环境提供分析对象的基础数据。

另一个需要重视的问题是，物理环境是在城市三维空间中形成的，而控规具有很强的三维属性。在控规方案的三维模型中进行城市物理环境分析，可以辅助规划师更加直接地理解控规指标创造出来的三维空间与物理环境的关系，但是目前鲜有这方面的研究。

1.2.4.2 发展趋势

1. 参数化规则建模需要与控规编制相结合

三维模型不仅要满足传统三维建模技术的应用，更要实现真正意义上的三维空间与设计过程联动结合，辅助规划师在规划设计过程中思考城市空间的综合效应。但是通过对三维建模方法与工具的分析，使用传统的 AutoCAD、Sketch Up 等交互式三维建模工具不能实现在城市三维建模过程中按照规划师提出的规划原则和限制条件建立整个三维城市模型。在这种情况下，必须使用程序设计手段将原则和限制条件转化为参数设计，实现参数化规则建模是一种理想的建模方法，也是未来城市三维建模的发展方向。而在参数化建模中，CE 是目前功能较为齐全的规则建模工具。

规则建模可通过计算机语言和程序定义城市模型的生成，而城市规划与设计正是对城市空间和构筑物性质的定义，因此两者本身就存在内在联系。控规编制的红线范围小则几个街区，大则几十平方公里，属于中大尺度的建模范围，且其三维模型更强调控制指标下的三维空间而不是细节指导。同时控规在图则中已经给出地块建设的具体条件，规定地块空间的边界条件，这正是参数设置条件。同时控规只规定了什么能做、什么不能做，是一种开发临界设定，因此在控规阶段的三维城市景观并不具备唯一性和准确性。在这样的条件下，控规阶段的三维城市模型是一种非高精度的三维空间表达。这在参数化规则建模中可以避免设置复杂的参数条件，最大化地提高参数化建模的效率。因此控规方案三维建模的较优方式是采用参数化规则建模方法构建三维城市模型。

然而目前针对参数化控规建模的研究还很少，已有研究中很多尚处于起步阶段，并未得到推广应用。同时规则建模需要用到计算机编程，有一定的难度。此外，针对控规的建模流程、层次、方法等还没有人做详细讨论。因此在将参数化建模与城市规划编制体系关联起来，特别是与控规相结合方面有着巨大的研究空间。

2. 基于控规控制指标的城市风热环境评价

基于现有关于城市风热环境评价参数与城市建设指标的关系，建立城市风热环境与控规控制指标关系模型是未来评价城市控规方案风热环境的重要发展趋势。

对于风环境而言，Steemers 提出了通过分析城市不同方向的围合度来评价城市通风情况，该方法简单便捷，且与控规方案分析有较好的衔接性。但是该方法需要城市的基础三维模型作为围合度分析的载体，由于无法根据指定指标高效获得城市三维模型，该分析方法在预测城市通风环境方面未得到很好的运用。

对于热环境而言，讨论控规控制指标与城市热环境的关系十分直观且有意义。首先，该方法总结城市热环境与控规指标的关系，通过该关系可预测控规指标组合下的热环境效应，摆脱了传统热环境研究只能“一对一”，即单个案例研究的限制，对指导规划设计有着重要作用。同时，目前基于控制指标的风环境和热环境评价方法是以数学模型或计算机模拟作为研究结果，尚不能与城市三维空间进行结合。其次，目前很多研究对城市要素与指标的考虑包括人为、自然、城市建设等多方面，而在控规阶段想要高效地分析控规指标的合理性，需要整理影响要素和指标。

故未来的一个趋势是在基于控规控制指标的风环境和热环境评价研究的基础上，解决上述问题，为规划师在控规阶段提供一种根据控制指标就能大概分析和评价城市风环境和热环境的方法。

3. 参数化建模方法辅助分析城市风环境和热环境

目前参数化建模与城市物理环境进行结合的研究很少。城市物理环境需要与城市整体布局和空间形态有密切关系，因此分析时只需要简单的建筑模型，特别是当分析范围足够大的时候，模型的细节可以忽略[56]。同时当建模范围足够大的时候，参数化建模快速和灵活的优势可以发挥到极致，因此其建模方法恰巧能为城市物理环境分析提供简单的基础模型。

本研究的目的是从控规出发探讨一种适用于控规方案的风热环境预测和评价方法，实现结合三维城市模型评价城市控规风热环境，辅助规划师在方案设计阶段把握城市风热环境情况和增加对风热环境优化的考虑。因此构建适用于控规阶段便捷有效的三维建模方法是实现研究目的的首要条件。基于参数化建模方式在基于控规三维模型的风热环境分析方面有极大的潜力，故本研究将采用参数化规则建模手法构建控规方案的城市三维模型。

1.3 研究方案设计

1.3.1 研究思路

如图1–7所示，本研究以控规方案为研究对象，围绕如何高效构建控规方案三维模型以及如何利用该模型辅助控规设计进行风环境和热环境分析展开研究。

针对如何建立控规方案三维城市模型，提出将控规指标与规则建模相结合的方法，实现批量、高效地构建非高精度的控规方案城市三维模型，构建的三维模型可以随着控规指标的修改而变化，辅助分析控规方案的三维空间和景观环境。关于如何辅助控规进行城市通风环境分析，提出在现有基于城市围合度的风环境评价方法的基础上，利用规则建模法高效构建控规三维城市模型，为通风能力分析提供基础模型。对于城市热环境分析，提出可通过控规控制指标与热环境定量关系评价控规热环境，即通过整理和总结控规指标与热环境的相关性，并将其关系式与规则建模进行结合，实现规则建模高效构建控规三维模型的同时，还可以输出对应地块的热环境评价参数。

本研究的核心思想是在规则建模方法中融入控规控制指标，实现高效构建非高精度的控规三维城市模型，并利用构建的三维模型辅助进行控规方案的风环境和热环境分析，为优化控规方案提供依据。

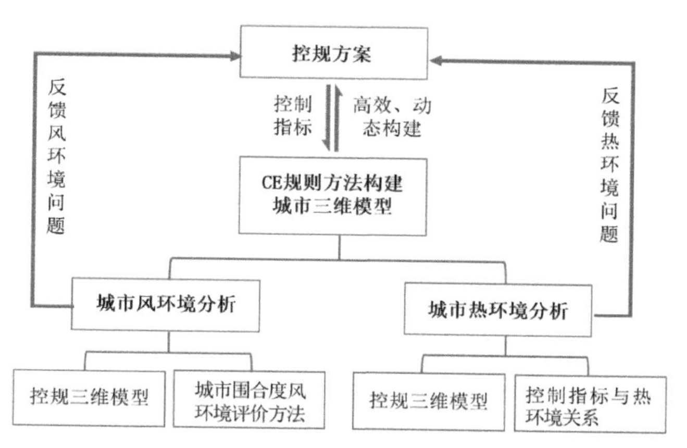

图 1-7　研究思路示意图

1.3.2　研究内容

1. 控规方案三维模型属性研究

通过文献调研发现，目前缺乏关于控规方案三维模型的属性研究；对于控规需要的三维模型是什么、需要表达什么内容、模型表达精度和细节层次等也尚无准确的相关研究，因此确定控规三维模型的属性是本研究的首要研究内容。

研究如何结合控规自身性质，界定控规方案三维城市模型，并对其模型特征和要求做规定。基于控规的三维特征和要求，选取需要在三维模型中需要表达的控规指标，同时借鉴国家相关标准，提出控规方案的三维建模要素，并对每一种建模要素的模型细节及层次做详细的文字和图形定义。

2. 控规方案三维城市模型的规则建模方法研究

对控规三维模型和规则建模方法进行特征分析，在此基础上提出两者结合点，并提出基于规则描述构建控规三维模型的方法。

首先对规则建模方法的技术原理、关键技术和建模优势进行分析。结合规则建模方法和控规三维模型的特性，提出如何将规则建模与控规相结合。基于上述研究结果，提出基于规则构建控规方案三维模型的具体步骤和方法，并利用构建的三维模型进行三维空间和三维景观展示。最后通过案例研究将提出的规则建模方法应用到实际控规方案的三维模型构建案例中。

3. 规则建模辅助分析控规风环境研究

针对如何结合基于城市围合度的城市通风分析方法，利用规则建模方法高效构建控规方案三维模型，为城市围合度分析提供通风分析的基础模型数据。

首先对城市围合度风环境方法进行解析，并提出利用规则建模方法弥补其难以获得设计方案城市三维模型的问题。其次探讨如何利用规则建模方法构建通风分析的控规三维模型，并得到控规指标条件下的城市围合度数据。根据得到的城市围合度数据进行通风分析，从而辅助规划师在控规编制过程中掌握控规方案下不同片区的城市通风情况。

4. 规则建模辅助评价控规热环境研究

本研究将针对如何结合控规热环境评价模型，利用规则建模方法在控规编制过程中辅助规划师评价规划对象区域的城市热环境。

首先构建控规方案热环境评价模型。选取对城市热环境有重要影响的城市建设要素和对应的控制指标，通过数值模拟法对每种城市建设要素的控制指标组合设计情景进行模拟计算，并采用多元线性回归分析法分析控制指标与热环境评价指标的关系，从而获得以热环境评价指标为因变量、控制指标为自变量的热环境评价数学模型。其次将获得的热环境评价数学模型作为信息编入规则语言中，与利用规则建模方法构建的城市三维模型相结合，实现展示控规方案三维城市模型的同时，也可以输出其热环境评价值，从而辅助规划师在控规编制过程中快速便捷地分析控规方案的城市热环境。

1.3.3　研究思路

针对如何利用高效构建控规方案三维模型，如何在控规方案设计中增加对城市风环境及热环境的分析讨论，采取如图 1–8 所示的技术路线解决上述问题。

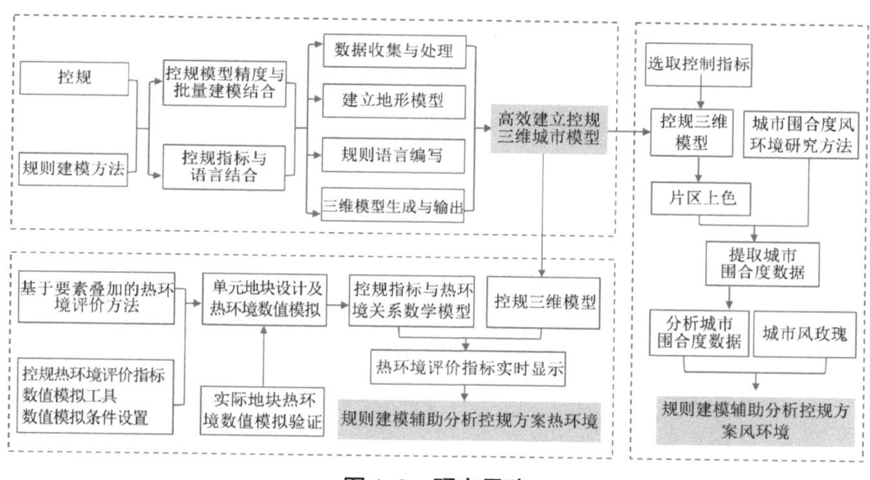

图 1–8　研究思路

首先，针对如何构建控规方案三维模型，采用计算机参数化规则建模方法实现构建控规方案三维模型。提出从控规三维模型属性和规则建模方法特点出发，将控规模型精度与规则批量建模特性进行结合，将控规控制指标与规则语言进行结合，并通过数据收集与处理、建立地形模型、规则语言编写、三维模型生成与输出这四个步骤构建控规方案三维模型。

其次，针对如何辅助控规进行城市风环境分析，本研究提出将规则建模与基于城市围合度相结合的风环境研究方法。利用规则建模方法高效获得控制指标要求下的城市三维模型，并编辑规则参数对片区进行分区，借助剖面切割工具获取城市围合度数据。根据获得的围合度数据分析各区域通风情况，为规划师提供直观可视化的城市风环境分析方法。

再次，针对如何辅助控规进行城市热环境分析，本研究提出构建基于要素叠加的热环境评价方法，对城市要素的控制指标与热环境关系进行总结归纳，并将规则建模与热环境评价相结合，实现辅助控规热环境分析。为了构建控制指标与热环境的属性模型，对不同用地进行单元地块设计，并采用热环境数值模拟工具对单元地块进行热环境数值模拟分析，最终利用多元线性回归分析方法构建热环境评价指标与控规控制指标的数学模型。将获得的数学模型编入规则建模的程序中，实现在展示控规方案三维模型的同时，也能实时显示对应地块的热环境评价值，从而辅助规划师理解控制指标、三维空间、热环境三者之间的相互关系。

第 2 章　控规方案三维模型属性研究

从背景研究可知构建控规方案三维模型的重要性，从文献综述可知虽然三维城市建模技术成熟，但目前针对控规阶段的三维城市建模的相关研究却很少。与传统意义上重视视觉和艺术表达的三维城市模型不同，控规因其自身的特殊性，其三维模型也具有特殊性。而构建控规三维模型的前提是需要清楚地知道其相关属性，故本章内容就控规三维模型属性进行研究，讨论控规方案三维模型是什么、具有哪些特点、包括哪些建模要素和内容，以及模型需要表达的精度是什么等问题。研究首先结合控规自身属性，提出控规方案三维模型的价值取向，基于价值取向对控规方案的三维模型做定义解释。其次提出控规三维模型应具备的特征，并对建模需要的控规控制指标进行选取和归纳。最后提出控规方案三维模型要素组成，并对每一种建模要素需要表达的细节层次做了具体讨论。本章内容将为后续用规则建模方法构建控规三维模型做理论支撑。

2.1　控规方案三维模型定义及建模特征

2.1.1　控规三维模型定义

对于控规编制过程中三维模型的生成形态，不同于传统意义上城市设计或建筑设计所追求的视觉和艺术形态，它的表达重点在于符合控制指标下的体块和轮廓意识，即符合控规控制指标的约束要求。控规是战略层面（总规）和操作层面（修规）的中间环节，是规划管理的依据。控规的控制指标对城市总体规划的意图和宏观控制转化为对城市三维空间的控制，利于总体规划的落实。再进一步说，控规是对地块指标的控制，以达到对整个地块乃至更大区域的控制。

因此控规三维模型的首要任务是反映控规的控制指标，特别是对城市三维空间有制约的指标，只有转译、落实控规指标，控规三维模型才有存在的意义。将控规指标反馈到三维城市模型中，可以对控规进行完善和补充，从平面到空间系统地考虑城市布局。例如，处理好建筑物群体之间的组合，使得城市规划的实施可落实到具体的建设和操作上，实现更加详细的指导和实行更加细致的控制。

由于控规对城市细节景观没有过多干预，控规的三维模型在构建过程中可省略很多烦琐的细节描述，只需要关注模型需要表达的基本形态。因此在符合控制指标下，控规方案的三维城市模型还需要符合国家和地区的标准要求，符合规划师和普通市民对相应构筑物的基本形态认知。而在这样简化的建模过程中，三维模型应与控规指标进行紧密联系，即控规的控制指标需要高效及时地反馈在三维模型中，联动性地将二维指标在三维空间中进行转化展示。

控规的三维城市模型简化了细节表述，但保留了城市重要构筑物的体量和空间信息，更能反馈在城市基本骨架的基础上对城市的各种环境影响，其中就包括城市物理环境。特别是对于片区尺度上的城市风环境和热环境而言，控规要求下的建筑体量和绿化率等已经被量化，对风环境和热环境有直接影响。

因此可以明确控规三维模型的价值取向有以下三点：（1）控规方案三维模型与传统重视视觉和艺术感的三维模型不同，是一种对模型精度要求不高，但需要满足控制指标以及国家和地区标准要求的基本三维空间形态；（2）三维城市模型不应只是静态展示城市三维景观，还应具备控规方案无缝衔接的动态变化功能，可以灵活地随着规划方案的变化而变化；（3）城市三维建模本身具备的空间信息应结合其他学科做到更多的功能输出。

综上所述，定义控规方案阶段的三维城市模型是基于控规规划方案而建立的一种符合控制指标要求、国家相关标准及构筑物基本形态认识的城市基本三维形态模型，该模型的三维形态的信息应与控制指标保持一致，应可以辅助控规编制过程中实时分析规划方案的三维空间效果及对城市环境带来的影响。

2.1.2 控规三维模型特征

（1）控规三维模型以城市整体布局表现为重点，微观层面表现为配合。

控规是中尺度的城市范围控制，本书对控规的研究尺度为水平距离在 150m ~ 20km，该尺度既反映控规整体方案的范围（1～20km），也反映地块划分范围（150m～1km）。而控规建模的任务是针对整体范围，因此建模面积通常会大于数十公顷。

在这样的建模尺度下，宏观层面研究工作内容是控规方案三维城市模型表达的重点工作，它需要对城市整体布局的空间环境做进一步的调控，同时将局部空间进行整合，将小地块之间互联不够的状况在整体层面进行调控和衔接，解决控规控制指标内部协调性不够的问题[109]。三维模型的主要任务是弥补控规二维指标在城市空间环境设计方面的缺陷，并推进下一阶段建设的可操作性。因此控规三维模型重点表达主体构筑物，例如建筑体量、建筑布局方式、道路走向、用地布局等信息；而对模型的局部做提炼和简化，例如景观小品、交通附属设施、建筑细节等微观层面的表达，可根据具体要求做简化甚至是省略表达处理。

（2）控规三维模型具备一定的规律性和重复性。

基于控规三维建模具备范围大、量大的特点，控规三维模型具备规律性和重复性特征。即对于同一类型用地，即使分布位置不同，但其建筑布局形式具有相同的规律，可在三维模型中重复表达。

例如同样是居住用地，控规对居住区三维模型的表现重点在于对环境容量（建筑密度、容积率、绿地率）和建筑建造控制（建筑高度、层数、建筑后退道路红线和用地边界）两方面内容的表达，而对于建筑具体布局、朝向、单体面积等方面不会做规定性要求，只要符合国家和地区的相关标准要求即可。那么对于分布在城市不同的居住用地地块，只要在保持规定性指标因地制宜的情况下，就可以采用具有同样的建筑布局、朝向、单体面积作为三维模型的基础，展现居住区的三维模型。

（3）控规三维模型具备一定的弹性和引导性。

控规在实践中强调“量”的控制，是属于预防性和弥补性的，它规定什么不可以做、什么可以做、可以做的极限量是多少，因此具有消极的特性[109]。三维模型是在控制指标的极值内进行表达，这与传统三维模型只需表达一种指标要求情况下的三维空间不同。控规三维模型既可以全部以极值表达，展示控规建设允许环境容量最大情况下的三维空间；也可以在极值内做变化，展示满足控规要求下的不同环境容量情况下的三维空间。

控规在城市规划中具有承上启下的作用，因此三维模型在该阶段亦具备一定的弹性与引导性，起到传承上级要求以及引导下一级建设的作用。控规三维模型在满足控规指标和国家相关标准要求下可对建筑形态、绿地布局形态等方面做多方案设计，灵活选择展示不同的三维空间布局方案。例如在同样的建筑密度、容积率和建筑限高要求下，建筑的基本形态可以有不同选择以展示多种建筑组合的方案效果。该特征为后期的修规和建筑设计留有充分引导性，同时也留有后期具体建设发挥的余地，可对城市空间的形成起到指导作用，实现引导建设的目的。

2.2 控规方案三维建模控制指标选取

控规的控制体现包括六大内容，分别为：（1）土地使用指标，包含用地面积、用地性质与土地使用兼容性、用地边界；（2）环境容量指标，包含建筑密度、容积率、绿地率和人口密度；（3）建筑建造指标，包含建筑后退红线、建筑间距和建筑限高；（4）城市设计引导指标，包含建筑形式、体量、色彩等；（5）配套设施指标，包含公共设施和市政设施；（6）行为活动指标，包含交通活动和环境保护规定。上述六个方面的内容可以用相应的控制指标加以落实。这六个方向可派生出 12 个主要控制指标，这些控制指标可分为规定性指标和指导性指标两种类型。

控规三维模型需要表达的控制指标一览表　　表 2-1

内容编号	内容	指标	分类
1	土地使用	用地性质	规定性
		用地面积	规定性
		用地边界	规定性

续表

内容编号	内容	指标	分类
1	土地使用	土地使用兼容性	规定性
2	环境容量	建筑密度	规定性
		容积率	规定性
		绿地率	规定性
3	建筑建造	建筑限高	规定性
		建筑后退红线	规定性
		建筑间距	规定性
4	行为活动	交通方式（布局结构、道路横断面）	规定性
		停车泊位	规定性
		交通出入口方位	规定性
5	配套设施	公共设施和市政设施	规定性
6	城市设计引导	建筑形式、体量、色彩、风格等城市设计内容	指导性

依据《控制城市规划》一书相关规定 [109]，规定性指标（指令性指标）是必须遵照执行，不能更改的。它包括用地性质、用地面积、建筑密度、建筑限高（上限）、建筑后退红线、容积率（单一或区间）、绿地率（下限）、交通出入口方位（机动车、人流、禁止开口路段）、停车泊位及其他公共设施（中小学、幼托、环卫、电力、电信、燃气设施等）。而指导性指标（引导性指标）是指参照执行，并不具有强制约束力的指标，例如人口容量（居住人口密度）、建筑形式、风格、体量、色彩要求及其他环境要求（环境保护、污染控制、景观要求等）。

控规的编制内容很多，其控制指标涉及的方面也很多，然而并不是每一项指标都与城市三维空间有关，本研究关注控规方案的三维模型需要重点表达与城市三维空间有关的控制指标，特别是规定性控制指标。因此需要对控规三维模型所要表达的控制指标进行筛选，将控规的控制内容与控制指标进行归类，剔除控制内容中对三维空间不重要的指标，最终确定控规三维模型需要表达的控制指标，具体如表 2–1 所示。

2.3 控规方案三维建模要素及细节层次

2.3.1 建模要素

根据《城市三维建模技术规范》CJJ/T 157—2010（以下简称《三维建模规范》）相关要求，三维城市模型的内容主要包括三维地形模型、三维建筑模型、三维交通设施模型、三维管线模型、三维植被模型及其他三维模型等[110]。

本研究参考上述技术标准，同时结合控规三维模型自身特征，提出控规三维模型要素主要针对地面及地面以上的三维实体对象，即包括地形模型、建筑模型、交通设施模型、植被模型和地块模型。其中管线模型由于属于地下部分，且该工程管线内容一般会另做专项规划，因此地下管线及其附属设施模型不列入本研究对象。增加地块模型的原因是控规的一个重要任务是对土地的使用性质和开发建设的环境容量做控制，因此建立地块模型可直观反映控规对地块整体相关要求与信息。地块模型在实际建成环境中并不存在，是控规方案为表达地块总体信息而特别构建的，是控规三维模型中一个特别存在的建模要素。以下对控规需要构建的五种模型要素进行详细说明，每种模型要素需要表达控规控制指标如表 2–2 所示。

控规三维模型建模要素和需要表达的控制指标　　表 2–2

建模要素	需要表达的控制指标	
	规定性指标（必须表达）	指导性指标
地形模型	用地边界、道路布局、交通出入口方位	—
地块模型	用地性质、用地面积、土地使用兼容、建筑密度、容积率、绿地率、建筑限高、建筑后退红线	地块外观色彩、结构形式等
建筑模型	用地性质（建筑使用性质）、建筑密度、容积率、建筑限高、建筑后退红线、建筑间距	建筑形式、体量、色彩、风格等
道路模型	交通方式（道路横断面）	道路植物布局和类型等
植被模型	绿地率	植物布局和类型等

地形模型（Terrain Model）。传统地形模型是依据地面的测量数据或设计资

料制作的三维模型，主要表现除建筑物、道路等所占地面以外的自然或人工筑地的空间位置、几何形态以及外观效果，包括对山体、坡地、水体的表达。在本研究中，控规地形模型不仅包括传统地形模型需要的内容，还包括与地形契合的 Shapefile 数据（以下简称 Shape），该数据是一种空间数据开放格式，用于描述几何体对象（点、折线与多边形），例如河流、湖泊、建筑基底、道路面等空间对象的几何位置。通俗来说，这些 Shape 数据即是对建立城市三维构筑物的二维基底数据。Shape 数据需要与地形起伏契合，便于快速清晰地判断城市地形特征和方位以及为建立其他模型做基础。地形模型的 Shape 数据需要落实对地块开发有关的控制指标。

地块模型（Block Model）是一个以地块为基底的竖向三维界面。地块模型在现实城市景观中并不会存在，它是控规三维模型专有模型。控规的主要作用是对土地使用和环境容量做规定，在三维空间表达地块的用地性质和地块边界，同时对其内部建设做控制，因此可以说地块模型是落实控规指标最重要的三维表现方式。控规的地块模型需要落实对地块开发有关的控制指标。CE（City Engine）中建立的地块模型是在地块 Shape 的基础上建立的。

建筑模型（Building Model）是依据建筑测量数据或设计资料制作的三维模型，主要表达建（构）筑物的空间位置、几何形态及外观效果等。控规的建筑三维模型主要表达地上建筑物，以建筑物为主体，需要落实与建筑建设有关的控制指标。CE 中建立的建筑模型是在地块 Shape 或建筑的 Shape 的基础上建立的。

道路模型（Road Model）是依据交通道路测量或设计资料制作的三维模型，主要表达道路空间位置、几何形态及外观效果（道路横断面）等。控规道路模型的表达内容包括道路、桥梁、轨道交通。基于控规三维模型的弹性要求和对热环境影响因素的考虑，本研究的道路模型不包括道路附属设施。控规的道路模型需要落实与道路建设有关的控制指标。CE 中建立的道路模型是在道路 Shape 的基础上建立的。

植被模型（Vegetation Model）是依据植被的测量数据或模型演化数据制作的三维模型，主要表达植被的空间位置、分布、形态以及种类。在本研究中，控规植被模型主要是指公园、绿地等面积较大地区的草地和乔木，不包括对建筑阳台绿化、花架花坛等精细的植被模型。控规的植被模型需要落实与植被绿地有关的控制指标。CE 中建立的植被模型是在地块 Shape 的基础上建立的。

其中配套设施指标将在地块模型和建筑模型中分别表述，地块模型表述市政设施和公共设施的用地性质和地块的环境容量，建筑模型将表述市政设施和公共设施的建筑建造意向图。

2.3.2 建模细节层次

控规方案的三维城市模型的表现范围大，造型丰富，建模的工作任务比较大，同时三维模型既要表达内容不应过细，又要具备一定的引导性，因此需要确定三维模型的层次来提高工作效率。由于不同研究目的对三维城市模型的真实感和表现力有不同的需求，细节层次（Level of Detail）成为三维城市模型中首先需要明确的问题。

细节层次的描述是针对同一物体建立程度不同的一组模型，不同细节程度的模型具有不同的几何面数和纹理分辨率。在《三维建模规范》中对各类模型的细节层次做了具体要求，选取本研究关注的建模对象（地形模型、建筑模型、道路模型和植被模型）的细节层次要求，如表 2-3 所示。

《城市三维建模技术规范》CJJ/T 157—2010 模型分类与细节层次　　表 2-3

模型类型	LOD1	LOD2	LOD3	LOD4
地形模型	DEM	DEM ＋ DOM	高层次 DEM ＋ 高层次 DOM	精细模型
建筑模型	体块模型	基础模型	标准模型	精细模型
道路模型	道路中心线	道路面	道路面＋附属设施	精细模型
植被模型	通用符号	基础模型	标准模型	精细模型

按照表现细节，各类模型可以分为 LOD1、LOD2、LOD3、LOD4 四个细节层次，这四个细节层次依次代表模型的复杂程度从简单到复杂，图 2-1 是以建筑为例展示了四个层次的不同建筑细节表现模型。通常来说 LOD3 细节层次的模型已经算比较精细的表述，一般应用在具体的建设项目中。对于控规尺度

的三维城市建模，并不需要对构筑物个体细节进行高层次展示。LOD2 层次的三维模型介于 LOD1 和 LOD3 之间，即可完整表达建模对象的几何位置和基本空间形态，又避免过多的细节展示；不仅保证了控规规定性的指标信息的完整性，同时简化了建模的复杂程度和具体细节，可以实现有效引导下一层级城市建设和高效建模的目的。而 LOD1 层次是一种简化处理的轮廓展示，在建模范围非常大且对模型精度要求不高的情况下，LOD1 细节层次表达的模型具有建模速度快、对计算机要求不高的优点。基于前文对控规三维模型的属性分析，本研究提出关于三维模型建模细节层次的原则为：控规三维模型的表述需要有一定的弹性，表达内容不应过细，但需具备一定的引导性；应以城市整体布局为重点，局部设计为配合，建议控规方案三维城市模型的细节层次以 LOD1 和 LOD2 为主。

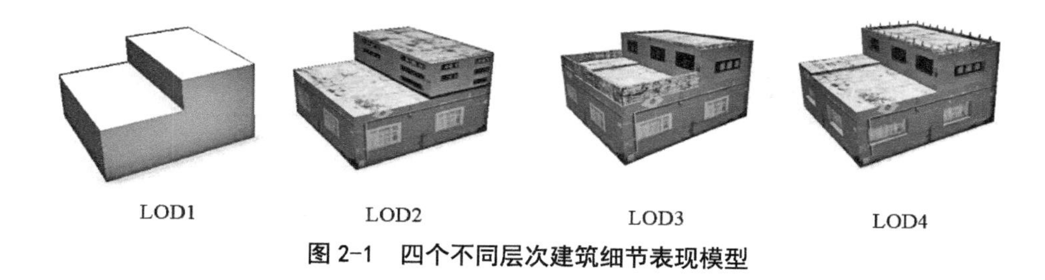

图 2-1　四个不同层次建筑细节表现模型

在确定控规方案三维模型的细节层次后，需要对其具体建模描述精度做界定。《三维建模规范》对每个层次细节做了非常具体的精度描述要求，但是由于该标准主要针对实景三维城市建模，而本研究是控规尺度的数十平方公里的三维城市建模，故相同细节层次的表达精度会不同。

例如对于地形模型最低的 LOD1 细节层次，该标准规定需要展示反映高程数据（Digital Elevation Model，简称 DEM）的三维模型，且 DEM 网格单元尺寸不宜大于 10m×10m，在该要求下的 DEM 数据获取只能依靠实地测量（大范围的城市地理测量数据的自测周期非常长，同时售价高且不易买到），更不用说 LOD2 细节层次要求 DEM 网格单元尺寸不宜大于 5m×5m 的高层次下获取数据的难度。在大尺度的城市三维建模中，地形数据可依据遥感卫星数据获取，例如目前最常用的地理信息数据获取工具谷歌地球。目前常规方法可获取的数字高程 DEM 数据水平高程精度为 30m，垂直精度为 20m，部分地区可到 10m。

谷歌地球不同级别的遥感影像数据信息 表 2-4

级别	实际距离	像素	图上距离	比例尺	空间分辨率
第 14 级	2km	118	4.16cm	1∶50000	17m
第 15 级	1km	118	4.16cm	1∶25000	8m
第 16 级	500m	118	4.16cm	1∶12000	4m
第 17 级	200m	93	3.28cm	1∶5300	2.15m
第 18 级	100m	93	3.28cm	1∶3000	1.07m
第 19 级	50m	93	3.28cm	1∶1500	0.54m
第 20 级	20m	74	2.61cm	1∶800	0.27m
第 21 级	10m	72	2.54cm	1∶400	0.14m
第 22 级	5m	72	2.54cm	1∶200	0.07m

数字影像数据（Digital Orthophoto Map，简写 DOM），是利用数字高程数据处理后的形象数据，带有公里网格、图廓和注机的平面图。一般可通过谷歌地球获取遥感影像为数据源，经过处理后得到 DOM。谷歌地球的遥感数据可分为 22 个层级（国内一般只到 20 级）。表 2-4 展示谷歌地球不同级别的数据信息。每个层级比例尺不相同，层级越大，比例尺越大。在同样图幅上，比例尺越大，地图所表示的范围越小，图内表示的内容越详细，精确度越高；比例尺越小，地图上所表示的范围越大，反映的内容越简略，精确度越低。遥感影像数据的最大分辨率为 22 级，可到 0.07m。一般在数平方公里的三维城市模型中，12 级以上的地图数据可以表述城市建筑和街道基本情况，19 级地图已经比较清晰，而超过 19 级则缓存慢，且数据冗余度比较高 [111]。

根据数据获取情况，本研究的地理高程数据 DEM 的精度为：谷歌地球高程数据，网格尺寸不能大于 30m × 30m，水平高程精度不低于 30m，垂直精度不低于 20m；遥感影像数据 DOM 的精度为：不低于 19 级谷歌地球数据，分辨率不低于 1.07m；对于已建成环境，本研究的建筑、道路、水体、绿地等矢量数据以不小于 1:2000 等比例尺的谷歌地球影像图形获得矢量图。对于控规三维建模，若配有城市设计底图，也可用城市设计底图与数字高程数据 DEM 结合构建三维地形模型。

基于研究对象的实际情况及获取数据的情况，提出适合本研究的控规方案三维城市模型层次要求，并建立示例图，建立控规方案三维模型内容和细节层次，具体如表 2–5 所示。需要指出的是，对于建筑模型提出 LOD1 和 LOD2 两种细节设置。对于不同的建模目的，建筑模型可选择不同的细节表达。例如对于既有建筑而言，三维实体已经有具体信息，其三维模型需要对其基本形态（包括屋顶及外轮廓）做表述，因此提出此时的建筑模型表述细节层次应为 LOD2，即基础模型，需要展示建筑贴图纹理。而对于尚未建立的建筑，控规阶段只需对建筑所在地块做建设指标控制（例如建筑高度、容积率、建筑密度等），而未对每一栋建筑做具体形态规定，因此提出此时的建筑模型表述细节层次应为 LOD1，即体块模型。

本研究未对地形、地块、道路和植被模型做多种细节层次建模，因为地形模型和地块模型的建成环境和规划环境之间的差异不大；道路和植被模型在控规层次的三维城市模型中的视觉占比远不如建筑三维模型占比大，对其进行细致建模的意义不大。

控规方案三维模型内容和细节层次（彩图详见附录） 表 2–5

模型类型	细节层次	精度要求	示例
地形模型	LOD2 DEM + DOM （或城市设计底图）+ 构筑物基底	反映地形起伏特征和地表影像；DEM 网格单元尺寸不宜大于 30m×30m，DOM 或城市设计底图分辨率不宜低于 2m，构筑物基底基于不小于 1:2000 等比例尺地形图或数字正射影像图为基准	
地块模型	LOD1 体块模型	根据地块基底形状生成体块模型，其高度和空间形态依据控制指标规定	

续表

模型类型	细节层次	精度要求	示例
建筑模型	LOD1 体块模型	体块模型应根据城市不同建筑性质的平均基底面积生成体块，同时满足控规规定性指标（建筑密度、高度和容积率）的相关要求	
	LOD2 基础模型	应表现建模物屋顶及外轮廓的基本特征；建筑物基底宜不小于1:2000等比例尺的地形图建筑轮廓线为依据；建筑高度可根据建筑性质采用对应的平均层高间接获得，也可通过航空或近景摄影测量、车载激光扫描、机载激光扫描等方式获得	
道路模型	LOD2 道路面	表现道路走向和起伏状况，宜以不小于1:2000等比例尺的地形图或数字正射影像图为基准，构建道路面的三维几何面	
植被模型	LOD2 基础模型	采用单面片、十字面片或多片面的形式表现，宜采用标准纹理，基本反映树木的形态、高度	

第3章　控规方案规则建模方法

为了实现利用三维城市模型直观便捷地辅助规划师分析控规方案的目的，首先需要高效便捷地构建控规方案的三维模型。本研究提出利用参数化规则建模方法，选取的建模工具为 CityEngine（以下简称 CE）。与传统的交互式三维建模相比，规则建模在大面积城市三维建模方面表现出更强大和更高效的建模能力。然而目前将规则建模应用在城市规划中的研究刚刚起步，与控规结合的研究案例也极少。

本章针对这个问题，就如何将控规指标与规则建模进行结合做了研究。首先对选用的 CE 规则建模关键技术和特点进行归纳，并与上一章控规方案三维模型属性研究结果相结合，找到 CE 规则建模方法与控规方案三维建模的结合点。在此基础上确定 CE 规则建模方法构建控规三维模型的具体步骤。最后以南宁市 F 片区为例进行案例研究，采用 CE 规则建模方式建立该控规方案的三维城市模型，并进行城市三维空间和景观展示。

3.1　规则建模技术及其优势

3.1.1　规则建模原理

城市是人类活动的聚集地，人类是具有共同行为特征的群体，因此承载人活动的城市空间也会有共同特征。在同一气候和文化背景的城市，无论是自发演变形成的城市还是经过规划设计的城市，它们内部的三维空间都会有相似特征。例如为了满足使用功能、安全性和美观的要求，城市内部的建筑朝向、街道走向、街区布局、公共空间等的布局均有规律可循，因此城市三维模型也具有规律性。而规则建模是利用计算机程序来对城市三维空间进行规律性描述和约束，并把结果保存为规则，通过这些规则决定模型如何生成。因此规则建模可以很好地应用在城市三维建模领域，实现快速和批量建立三维城市模型。

基于对控规三维城市建模的文献综述，本书将采用规则自动化建模方式建立控规方案的三维城市模型，并选用 CE 为规则建模工具。CE 规则建模工具最初由瑞士苏黎世理工学院在 2001 年开发，在经历多次升级和授权后，目前是 Esri 公司旗下的产品。经过不断的改进和完善，目前 CE 规则建模方法在获取数据、模型导入等方面可与 ArcGIS 无缝连接。CE 基于规则的建模方法可以实现高效构建三维城市模型、输出模型数据、网络共享模型等功能，因此在构建大范围精度不高的三维城市建模情景下比传统建模方式有更大的优势[112]。

CE 是以工程（Project）文件夹组织管理所有的建模信息。一个工程文件目录包含 Assets、Data、Images、Maps、Models、Rules、Scenes、Scripts 文件（图 3–1）。Assets 文件夹用于存放构建模型的原材料，包括纹理数据、组件模型（树木、行人、小品）等；Data 文件夹用于存放创建场景时的影像栅格等基础底图数据；Models 文件夹用于存放 CE 导出的三维模型；Rules 文件夹用于存放 CGA 规则文件；Scenes 文件夹用于存放建模的场景文件，场景文件是打开 CE 三维场景的入口；Scripts 文件夹用于存放 CE 生成的脚本文件。CE 支持行业标准 3D 格式数据交换，创建的三维模型很容易导入第三方软件使用（图 3–1）。

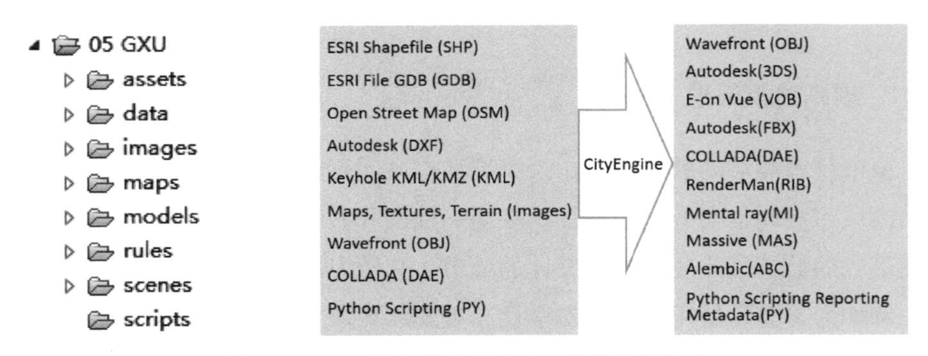

图 3–1　CE 工程文件夹目录及支持的数据格式

3.1.2 规则建模关键技术

CE 的关键技术有以下三点：以 GIS 数据作为建模基础、以规则驱动创造三维模型，以及具有动态的智能编辑与布局功能。

首先是基于 GIS 数据具备的多信息优势，CE 可以充分利用信息快速建立三维城市模型。GIS 数据带有地理坐标、空间位置、属性信息、几何信息等。CE 可利用 GIS 的矢量数据（Shape 数据）作为建模的基础数据，对建筑物边界、用地边界、道路中线等数据直接加载到软件中进行利用。因此无论是规划方案还是测试数据都可以较为轻松地加载到 CE 场景中，由此保证了数据的层次和利用效率。

CE 实现快速建模的另一个重要技术就是 CGA 规则驱动创造三维模型，该技术也是CE 建模的核心技术。CE 规则的建模原理是采用其独特的计算机语言，即 CGA（Computer Generated Architecture）对建模对象进行语义编程，并以编程好的 CGA 语言作为规则文件。通过 CGA 语言定义和描述建模对象的几何和纹理特征，实现构建三维构筑物的演变过程，该演变过程可通过赋予到多个对象实现复制和再构建 [113]。规则建模的思想可概况为以规则定义为基础，以反复优化设计为过程，最终实现创造更多的三维模型细节。图 3-2 展示了在 CE 建模场景中，利用 CGA 语言编程在一片空地上批量生成三维城市模型，包括三维建筑物和绿地模型。该 CGA 在编写中定义了建筑高度、屋顶轮廓、立面和屋顶贴图纹理、植物种类及植物空间分布。将该 CGA 脚本保存完成的规则文件赋予到想要构建同样三维场景的地块内，则可在多个地块内生成同样的三维城市模型。

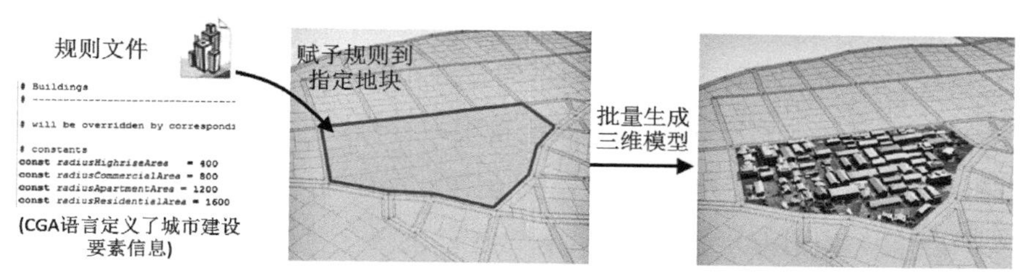

图 3-2　对城市建筑物等的 CE 规则建模示意图

CE 的第三个关键技术是动态的智能编辑与布局。CE 完成的三维模型不是一个静态模型，而是一个“鲜活”的模型。这个“鲜活”性可以体现在参数调整和联动编辑。在 CE 中编写规则时，可以将建模对象进行参数化设置，把模型的相关属性暴露给用户。例如将建筑高度数据作为公开信息暴露给用户，用户可以根据需求做及时调整。而增加的建筑高度会联动赋予相关的贴图材料和楼层信息，并在三维窗口实时显示调整和联动的三维结果。

3.1.3 规则建模优势

目前传统的精细三维城市建模方式虽然视觉展示效果好，但三维城市模型通常是静态模型，难以准确地表达控规指标，也难以满足参数查询、辅助三维空间和物理环境分析等深层次的应用；同时传统建模方法的时间和劳动成本高，特别是在建模范围大的情景下存在明显的局限性。而采用 CE 规则建模与已有的建模方式相比，具有以下四点优势：

1. 建模速度快

规则建模的工作时间表现为前期编写规则花费时间多，后期建模花费时间少的特征。由于需要利用 CGA 语言对每个场景做描述，因此在规则编写期间需要花费较多的时间和精力。但完成规则编写工作后，便可在相同场景重复利用该规则，即使场景有些许变化，也可在已有规则的基础上修改参数满足要求。因此当建模范围越大，三维场景的规律性越高，规则的重复利用率越高，越能体现规则高效建模的优点。而传统三维城市建模方法普遍耗时耗力，成本与城市规模成指数正比关系。

2. 可反复修改和细化模型

由于规则可保存且可编辑，因此在已有规则的基础上可对 CGA 描述语言做优化设计，从而实现对三维城市模型的修改和细化[114]。而目前常用的交互式三维建模方法在修改和细化模型方面比较吃力，修改模型花费的时间与重新建模的时间持平甚至更高。特别是当建模范围大的时候，交互式三维建模方法通常需要耗费很大的精力才能完成模型修改工作。

3. 可定量输出模型的相关参数

CE 完成的城市三维模型是基于 CGA 语言描述，因此每个模型都有具体设计参数。若对这些参数做 CGA 报表输出编辑，则可以报表形式定量输出参数信息。例如在 CE 中基于一定的建筑密度、容积率和建筑高度指标构建了建筑模型，当对这些模型做 CGA 报表输出描述后，每个模型对应的建筑密度、容积率和建筑高度指标都可以报表的形式输出。该功能可实现对规划方案的三维空间做定量数据提取，在规划人员编制规划方案及提高公众理解规划方面均有很大的辅助作用。

4. 可移植共享

CGA 的编写需要一定的计算机专业知识，但是完成的规则可保存、可修改，因此编写规则的脚本和经验可分享。CGA 规则文件可累积为规则库，编写的规则文件越多，可借鉴和传授的规则编写经验就越多。城市控规的控制指标类型都是一致的，只是在具体案例中参数不一致。因此若能利用规则构建控规三维模型并形成控规模型规则库，则可在不同的控规方案中共享规则成果构建三维城市模型。而传统建模方式几乎是纯手动交互式三维建模，故新方案均是从头开始，模型的共享功能并不突出。

3.2　规则建模与控规的结合

3.2.1　与控规模型精度结合

虽然 CE 规则建模方法可高效地构建三维场景，但构建的三维模型相较传统手动交互式三维建模而言不够精细 [115，116]。因此首先需要对适宜 CE 建模的细节层次做分析。

通过文献调研和实际建模经验，总结 CE 的建模层次与效率的关系如图 3–3 所示。当展示基于≤ 1∶1000 等比例尺的地形图或数字正射影像为基础进行建模时，建模层次要求低，CE 规则建模可以将城市总体肌理、路网结构、不同性质用地的特色、城市天际线、绿地系统等大面积建设要素快速完整地反映出来（图3-4）。当展示小于1∶1000等比例尺城市风貌时，建模层次要求低、精度低，CE可以简单重复地展示建筑外立面［图3-5（a）］。当展示大于1∶1000等比例尺城市风貌时，建模层次要求高，CE需要花费更多的时间编辑更复杂的规则及贴图纹理数据才能实现将建筑细部、植物搭配层次，甚至是生活场景等细节表现出来［图3-5（b）］。同时还发现，当建模范围越大，相似风貌的城市构筑物越多时，CGA的语言编写的重复利用率越高，修改规则语言的难度越小；而当建模范围越小，每种建模对象都具备独特的风貌特色时，需要对每一种建模对象进行具体CGA语言编写。例如对于具体建设项目的三维建筑建模情景，

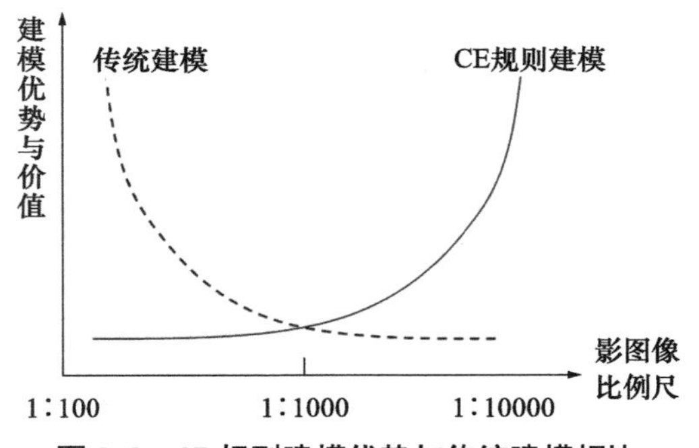

图3-3　CE规则建模优势与传统建模相比

图3-4　CE规则建模展示1∶5000城市风貌（彩图详见附录）

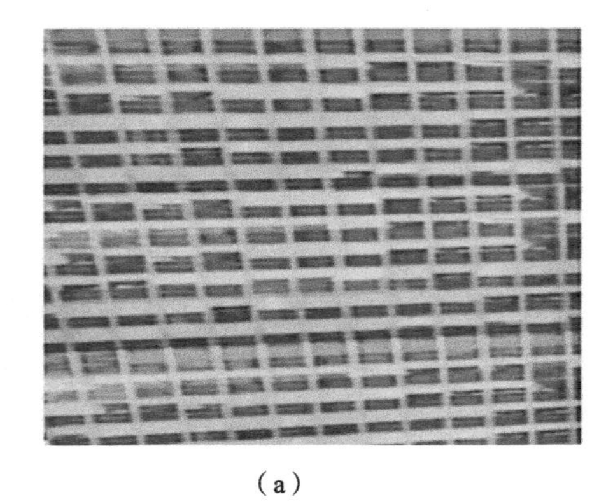
（a）

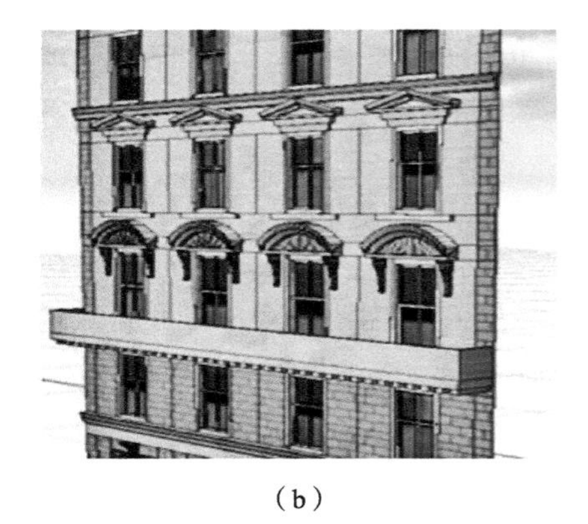
（b）

图3-5　CE规则建模对建筑不同精度要求的三维模型展示效果建筑细部效果（彩图详见附录）

（a）1∶1000贴图建筑外立面精度低，规则简单；（b）1∶100凹凸形式建筑立面精度高，规则复杂

CGA 需要对建筑立面及纹理图案等做非常细致的描述，将导致花费的时间和劳力成本很高。当在其他具体建设项目中，由于差异性大，重复利用上一个规则概率降低，此时 CE 规则建模方法与传统手工建模方法相比优势不大。因此对于建模范围不大且建模精度要求高的情景，本研究建议可在 CE 工具中批量完成构筑物基础体块拉伸工作后再导入传统建模软件进行精细加工，合理利用两种建模方法的优势。

因此可以总结 CE 规则建模方法的建模效率和价值与城市规模成正比，与模型精细层度成反比：城市规模越大，对细节要求越低，规则可重复利用率越高，建模效率越高，价值越高；城市规模越小，对细节的要求越高，规则可重复利用率越低，建模效率越低，价值降低。由前文对控规三维建模的内容和层次的分析可知，控规阶段的三维建模范围大，细节描述要求不高，在该条件下刚好可以发挥 CE 规则建模的优势。CE 规则建模不仅可以通过 CGA 规则编写与控制指标进行结合，其建模特点也可与控规三维模型的层次要求高效结合。在控规三维建模范围和层次要求下，CE 规则建模可以发挥其建模优势，同时使用 CE 规则建模方法构建的控规三维模型也在保证控规三维模型表达内容和层次要求的前提下，大大节省了建模的时间成本。

3.2.2 与控规控制指标的结合

一个规则文件包括规则函数、属性、自定义函数和注释，均是由 CGA 语言描述构成。常用的函数包括拉伸、合并、着色、分割；属性是一组静态的全局变量，每个属性被初始化为一个特定的值；自定义函数可以为带参化、标准化、随机化、条件化、递归化的语法描述；注释是为了提高规则的易读性。图 3-6 显示规则常用函数在建模过程中的使用情况，该规则使用了 CGA 最常用的函数，表示如何通过拉伸、拆分、着色和分割将二维 Shap 数据构建为一个有楼层、有色彩的三维体块。利用 CE 规则建模的语言特点，可以实现对控规指标的 CGA 语言转换，从而将控制指标融入三维模型中。

根据 CE 三维建模的技术特点，确定本研究中 CGA 规则建模的重点描述对象为规定性指标，表 3-1 显示控规指标、对应三维模型及对应 CGA 描述案例语言。该表显示的是简化的 CGA 语言，关于如何将 CGA 语言对每种建模内容进行描述，将在下节建模步骤中详细叙述。其中用地性质、用地面积等 8 项规定性指标可以直接用 CGA 进行描述；而公建配套项目、社会停车场库和配建停车场库可通过 CGA 指定对应的用地性质进行表述；引导性指标可以选择性地用 CGA 进行描述。而地块出入口方位、数量和允许开口路段可直接通过道路三维模型展示，并不需要 CGA 描述。

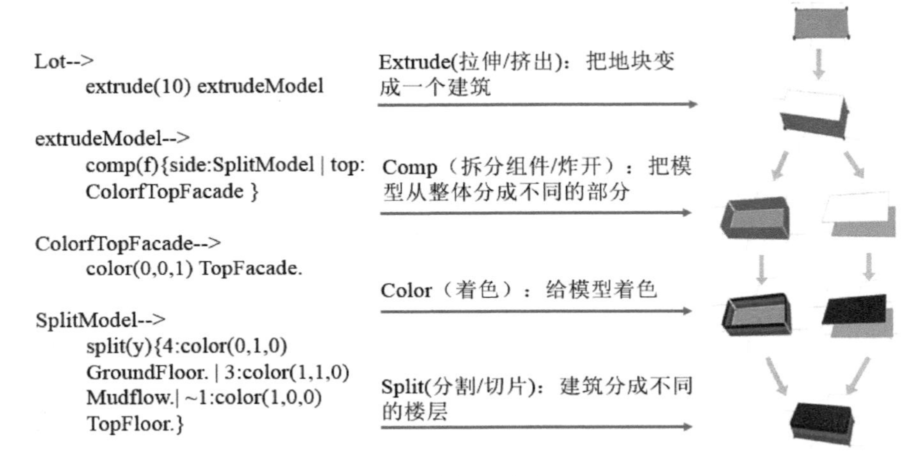

图 3-6　CGA 常用函数建模情况

CE 的 CGA 语言描述控规指标　　表 3-1

性质	控制指标	CE 规则建模	CGA 描述

规定性	用地性质	CGA 描述	`style Residential/ Commercial/ Parking` → 指定对象使用性质
			`attr Area=geometry.area` → 指定用地面积
			`attr density = 25`
			`attr far = 3.5`
			`attr greenration = 35`
			`attr maxHeight = 100`
			`attr floorHeight = 3` → 设置初始的建筑密度/容积率/绿地率/建筑限高/建筑楼层高度

	用地面积		
	建筑密度		
	容积率		
	绿地率		
	建筑高 / 层数		
	建筑后退道路红线		
	建筑后退用地边界		

续表

性质	控制指标	CE 规则建模	CGA 描述
规定性	公建配套项目	地形模型展示	attr *frontSetback* =5 attr *backSetback* =5 attr *sideSetback* = 5 → 设置初始的建筑退距，前退距/后退距/左右退距
	社会停车场库		
	配建停车场库		
	出入口方位、数量		
	允许开口路段		
引导性	建筑形体、色彩、风格等城市设计内容	CGA 描述	@Color attr *Color* = "#FF0000" → 指定对象色彩

例如对规定性控制指标——建筑高度的 CGA 编写：指定某地块的最高建设高度为 100m，CGA 编写描述该地区的最高高度（maxHeight）为 100m，则当在该地块中自动随机生成建筑时，可以保证高度≤ 100m。同样的道理，通过规则描述可以实现把建筑密度、容积率、绿地率等反馈到三维城市模型中，最终在三维城市模型中真实、定量和准确地反馈控规相关信息和指标。描述好的 CGA 可保存为规则文件，当应用在同类建模对象中，就可批量且准确定量地将控规控制指标融入三维城市模型中。通过在视检窗口进行调整操作，还可以在控制范围内随机生成新的三维模型。

控规控制指标通过数字和文字形式对建设进行安排和指导，缺少直观的信息表现，通过三维模型可视化地叠加各种控制指标，能够真实有效地反映设计师的规划意图。但是传统交互式建模方法难以定量地将指标反映在三维模型中，而 CE 规则建模则恰好弥补了这个缺点。CE 的 CGA 语言可以将控规的编制内容、规定性和引导性指标与 CE 规则建模进行联系，有机地将控规核心规定内容定量、准确地反馈到三维城市模型中，为控规提供一个直观真实的表述方式。

3.3　控规方案规则建模步骤与方法

为了更好地利用 CE 规则建模方法构建控规方案三维模型，需要总结建模步骤。本研究总结归纳CE构建控规三维模型的建模步骤为（图3-7）：（1）数据准备与处理；（2）构建地形模型；（3）CGA规则语言编写；（4）批量生成模型。其建模技术路线如图3-8所示，其中CGA规则语言编写是核心步骤。

步骤1是数据准备与处理，该步骤是建立控规方案三维模型的基础，具体包括收集和处理控规资料、地理信息数据和纹理贴图数据。其中在控规资料收集时需要对建设要素进行分类，为后期规则编写和贴图纹理数据收集及规则批量建立控规模型提供基础。地理信息数据需要收集好后对坐标等进行转化处理。

步骤2是构建地形模型，依据获取的地理高程数据和影像数据，可以在CE中直接建立有高程起伏的三维模型。导入已有建筑矢量数据和道路矢量数据完成建成区shape数据与地形的契合。再依据控规图纸和文本资料，完善建模范围内的道路布局和地块边界划分，同时对规划区Shape数据与高程起伏的三维模型做契合处理，得到最终的地形模型。

步骤3是CGA规则语言编写，具体利用CGA语言描述控制指标建立地块模型、建筑模型、道路模型和植被模型。编辑好的CGA语言保存为规则文件，为最后批量建立控规三维模型做准备。

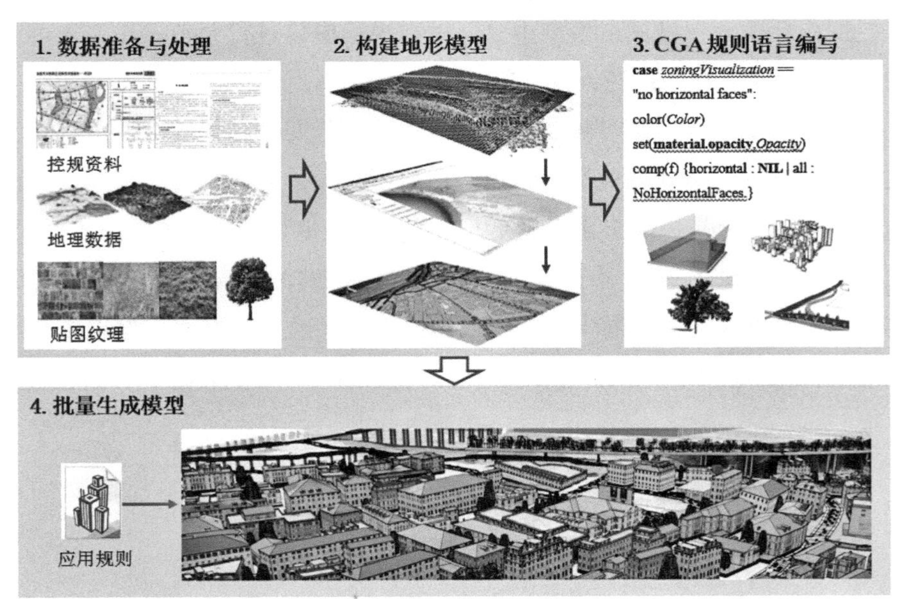

图3-7　CE规则建立控规三维模型步骤图示关系（彩图详见附录）

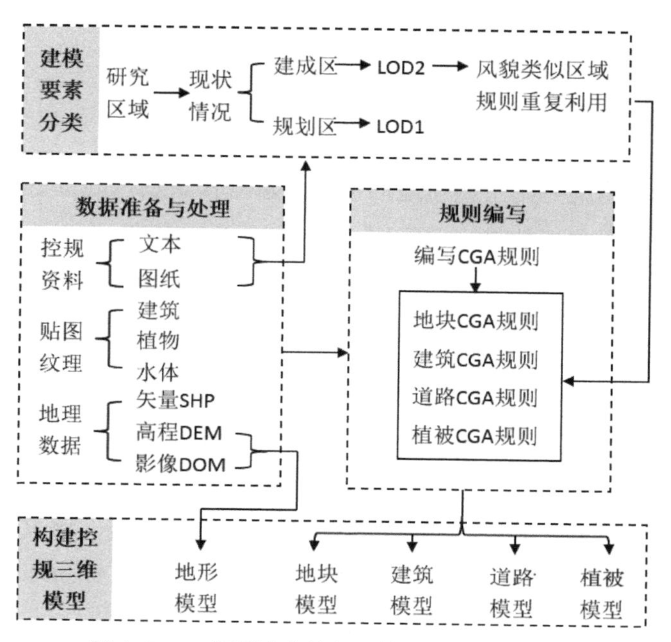

图 3-8　CE 规则建立控规三维模型技术路线图

步骤 4 是批量生成模型，将完成的规则文件生成对应的三维城市模型，并对模型进行完善和修改。

3.3.1　数据准备与处理

3.3.1.1　控规资料与处理

控规方案的信息资料是构建其三维城市模型的首要资料，控规成果包括规划文本、图件和附件。控规图件包含两部分内容：图纸及图则。而控规附件包括规划说明、基础资料和研究报告三部分内容。结合前文对控规三维模型建模内容的研究，提出与本研究相关密切的文本内容和图纸内容如下：

文本内容包括：（1）土地使用和建筑规划管理通则；（2）地块划分以及各地块的使用性质、规划控制原则、规划设计要点；（3）各地块控制指标一览表。

图纸内容包括：（1）规划用地位置图；（2）规划用地现状图；（3）土地使用规划图；（4）道路交通及竖向规划图；（5）公共服务设施规划图；（6）环卫、

环境保护规划图；（7）地块划分编号图。

3.3.1.2 地理信息数据

地理信息数据主要用于构建地形模型及建立构筑物基底模型。需要获取的地理信息数据主要包括数字高程数据（DEM）、数字正射影像图（DOM，通过遥感影像数据校正而来）以及建筑、路网、绿地和水体矢量数据（Shape 数据）等。由于本研究的建模范围大，不适宜采取实地测量方式获取数据，故采用遥感技术获取地理信息数据，即通过遥感地图获取信息数据。采用地图下载器获取地图数据，例如水经注万能地图下载器、Bigmap 地图下载器等，可支持下载谷歌地球、谷歌地形、谷歌高程、百度地图、天地图、高德地图等 32 种地图。本研究选取采用水经注万能地图下载器获取谷歌地球数据，通过框选下载区命令可选择下载区域。本研究地理信息数据的坐标选取为 WGS84 经纬度坐标，数据信息为 2017 年 1 月以后拍摄的卫星数据。

数字高程模型（DEM）是通过有限的地形高程数据实现对地面地形的数字化模拟（即地形表面形态的数字化表达）。根据前文对控规三维模型细节层次分析中的影像数据研究，同时为了保证数据的完整性，确定采用水经注万能地图下载器获得的 DEM 数据的等级为 15 级，网格尺寸为 30m×30m，水平高程精度不低于 30m，垂直精度不低于 20m，部分地区能到达 10m。DEM 导出成 *.tif 格式数据，在 Arc Scene 中打开并赋予高度属性，如图 3-9 所示。

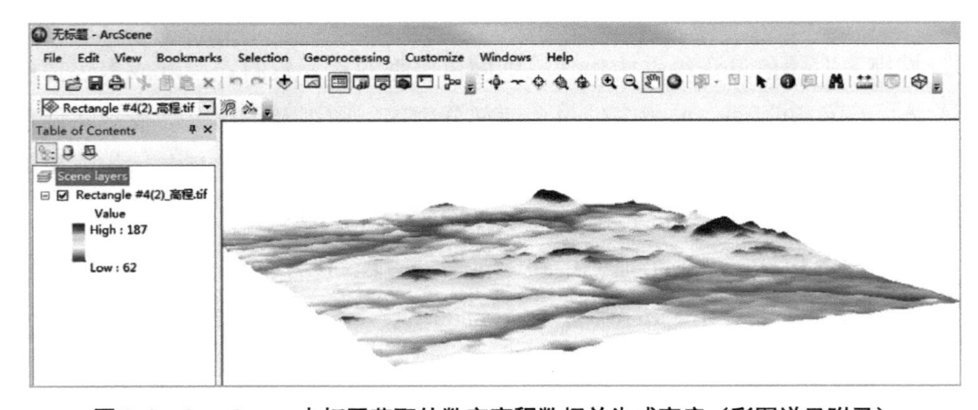

图 3-9 Arc Scene 中打开获取的数字高程数据并生成高度（彩图详见附录）

数字正射影像图（以下简称 DOM），是以航空或航天拍摄的遥感影像数据为基础，通过校正后得到的按规定尺寸裁剪的数字正射影像集。它是同时具有地图几何精度和影像特征的图像。与普通地图相比，DOM 具有丰富的地面信息，内容层次分明，图面清晰易读，充分表现出影像与地图的双重优势。本研究利用水经注万能地图下载器获取谷歌遥感影像数据，并通过 The Environment for Visualizing Images（以下简称 ENVI）软件进行正射校正获得正射影像图 DOM 数据。根据前文对控规三维模型细节层次分析中的影像数据研究，确定采用水经注万能地图下载器获得的遥感影像数据的等级为 19 级，分辨率为 1.07m。遥感影像数据导出为 *.jpg、*.tif 或 *.png 格式数据。在 ENVI 软件中对遥感数据进行正射校正，经过辐射校正、几何校正后，消除各种畸变和位移误差而最终得到具有包含地理信息的正射影像地图（DOM）。由于 CE 对影像 / 地形的尺寸大小有要求：即影像和地形的单幅行列数需小于 8192×8192。因此本研究提出，当得到的影像和地形数据超出该行列数要求时，可利用重采样或裁切的方法对数据做进一步处理，以实现在 CE 中正常显示。在 Arc Scene 中打开数字高程模型（DEM）和数字正射影影像（DOM）数据，并对两种数据做贴合高程设置，如图 3-10 所示。

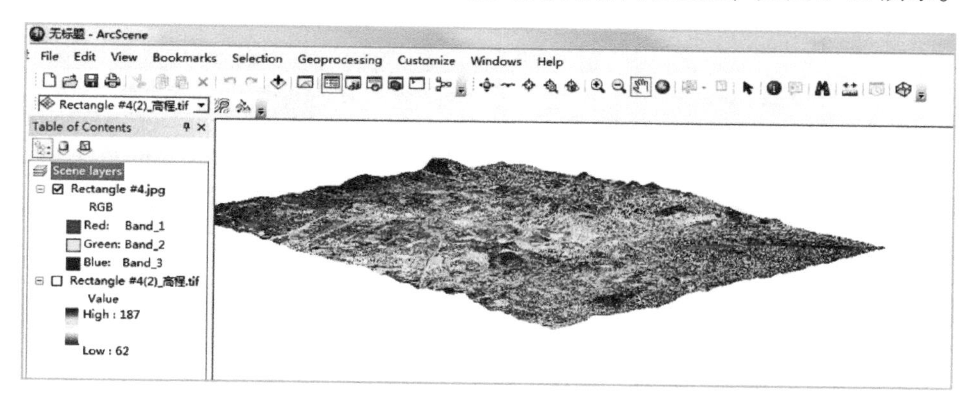

图 3-10　Arc Scene 中打开获取的数字正射影高程数据（彩图详见附录）

对于矢量数据，已建成环境的路网、建筑、绿地水体矢量 Shape 数据等也是通过水经注软件从谷歌地球获取。本研究的建筑矢量数据包括建筑轮廓线和建筑高度信息。在水经注软件中在线查看，选择地图数据源为“矢量地图”。本案例中的建筑矢量数据是基于 1:2000 等比例尺的地形图建筑轮廓线获取。

框选下载区域数据并进行下载，保存的格式可以有多种，本研究选择导出 *.shp 格式数据即完成建筑矢量数据的获取。由于建筑的矢量数据并不是全部能用，例如对于一些临时建筑以及在规划中不会保留的已建建筑，需要删除。在 Arc Map 中打开该格式数据，通过数据编辑功能删除不需要的建筑基底数据。完成后可查看建筑轮廓和基底面积，在属性表中可以看到包含建筑矢量楼块的名称字段（Name）、楼层数字段（Floor）和高程（Height），如图 3-11 所示，这些数据为后面建筑三维建模提供支撑。

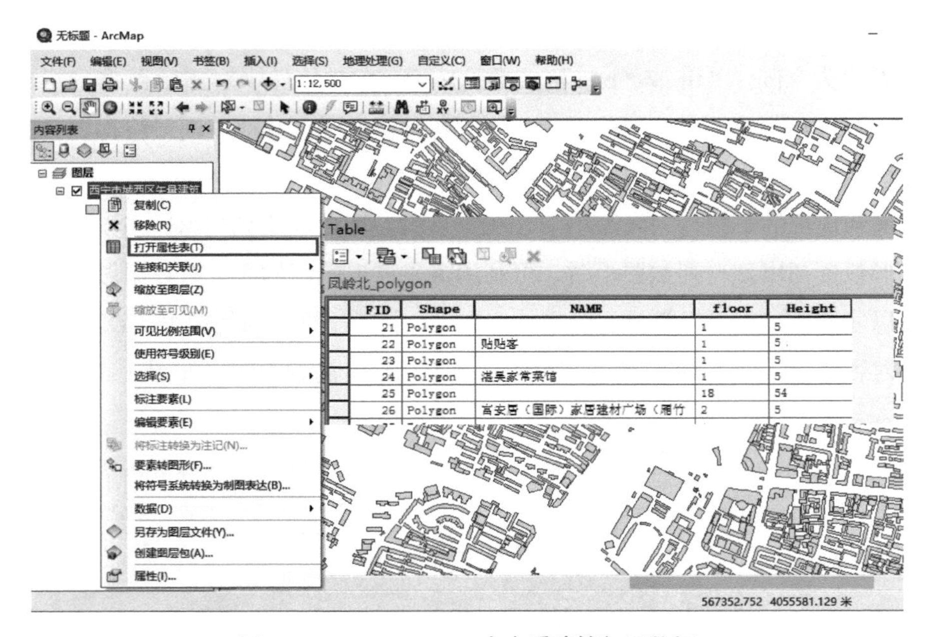

图 3-11　Arch Mapper 中查看建筑矢量数据

对于道路矢量数据，可在该平台下载道路路网矢量电子地图，例如铁路、高速路、国道、省道、县道、地铁、城市快速路、行人道路和乡镇村道等。数据源包括两种，一种是水经注自有数据，一种是 Open Street Map 数据。水经注数据范围为国内数据，但道路图层更丰富；Open Stree Map 虽然可以下载全球数据，但图层比较单一。本研究选择水经注路网数据，路网矢量数据是基于 1:2000 等比例尺的地形图。框选需要下载的区域并进行相应的设置则获取路网矢量数据，保持格式为 *.shp。采用同样的方法，在水经注中下载绿地和水系矢量数据，保存为 *.shp 格式数据。由于获取的道路数据有很多不完整数据，因此在 Arch Map 中对道路矢量数据进行提取中心线处理（图 3–12）。

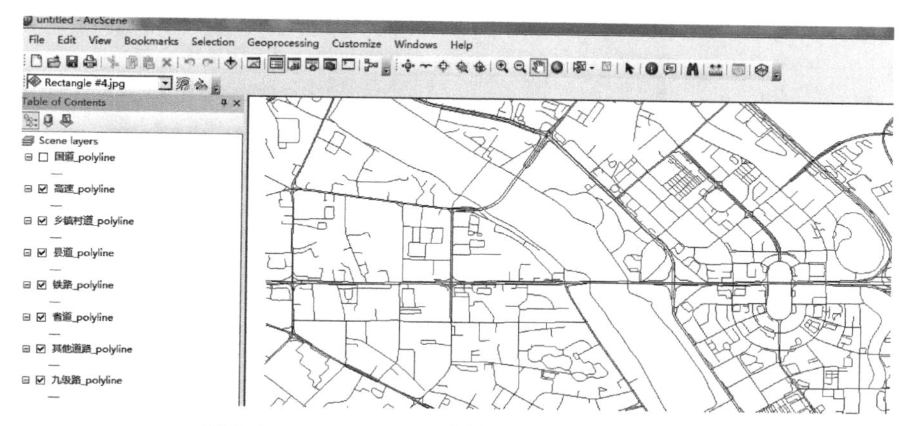

图 3–12　Arch Mapper 中处理后的矢量路网数据

由于 CE 仅支持投影坐标系，是用 *X*、*Y* 表示的平面直角坐标系，故需要转换地理坐标为投影坐标。本研究采用 Arc Map 工具对数据完成坐标转换。

3.3.1.3　贴图纹理数据

贴图纹理数据用于已有建筑的三维模型贴图，以及水体、植被三维模型贴图。贴图纹理数据是以二维图片形式进行收集，获取来源为百度图库和百度搜索。一般贴图纹理数据越丰富、越清晰、越接近真实的城市风貌，构建的三维城市模型越逼真鲜活。但由于本研究重点并不在精细建模，故外观类似的构筑物设置重复利用纹理贴图，重复利用数据的依据是对规划范围内的建设对象进行分类。

建设范围内一般同时存在建成区和未建成区（即规划区），由于建设的细节层次不同，因此需要对两者进行区分。而在大范围建模中难以对建成区进行精细建模，因此需要对建成环境进行景观分类，为后续重复利用贴图纹理材料和规则提供依据（图 3–13）。在前文已提到，因为地形模型和地块模型的建成环境和规划环境之间的差异不大，且道路和植被模型在控规层次的三维城市模型中的视觉占比远不如建筑三维模型占比大，故本研究未对地形、地块、道路和植被模型做多种细节层次设置，只对已有建筑和规划建筑进行不同细节层次划分。

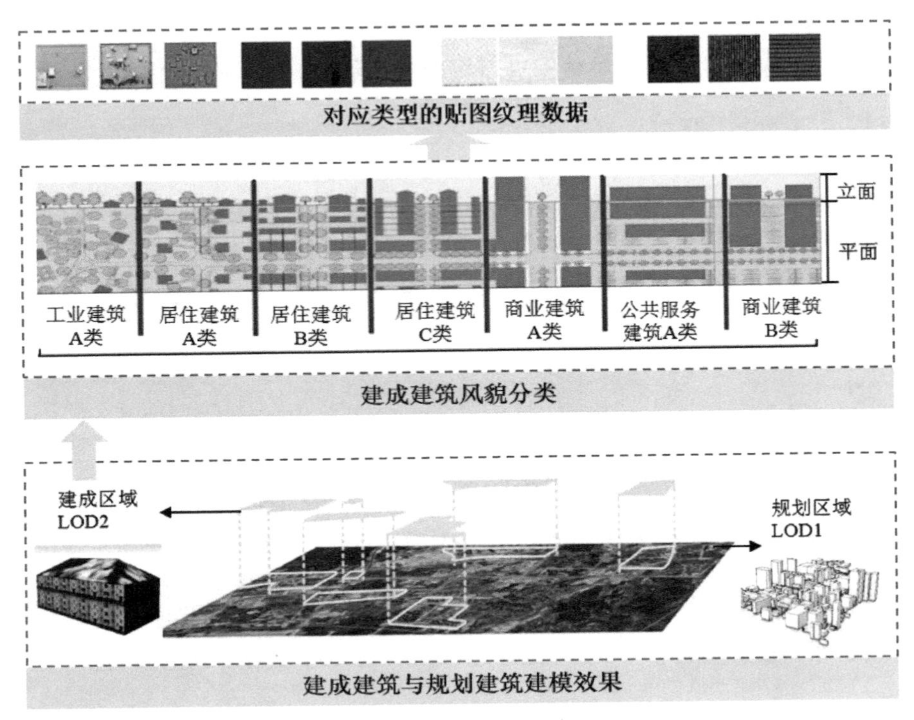

图 3-13　建筑风貌分类（彩图详见附录）

首先，依据控规资料中的现状研究，将建模范围内的建模对象分为建成环境和规划环境。建成环境的建筑模型细节层次为 LOD2。由于既有建筑的三维实体已经有具体信息，故三维模型需要对其基本形态做表述，因此提出控规已有建筑模型为三维基础模型，同时展示建筑贴图纹理的 LOD2 层次。规划区的建筑模型细节层次为 LOD1。对于尚未建成的建筑，控规阶段只对建筑所在地块做建设指标控制，而未对每一栋建筑做具体形态表达，因此提出此时的建筑模型为体块模型。

其次，对于建成区建筑模型 LOD2 细节层次而言，需要进行景观风貌划分。当建模范围非常大且建成区建模对象很多时，已有建筑的纹理贴图和规则编辑工作量会增加，因此需要对同类景观的建成环境进行分类，重复在建筑模型中利用贴图纹理和规则，提高建模效率。本研究借鉴精明准则（Smart Code）的城市形态设计准则（Form-Based Code）思想来划分不同层次细节建模对象和相似景观建模对象。形态准则是一种通过调控城市开发以形成特有的城市形态的方法，它主要通过控制实体形态以及对城市或乡村的调控创造出一种可预测的公共区域[117]。在本研究中，借鉴该思想在建成区划分不同建筑风貌，根据用地性质将建成区划分为商业建筑、居住建筑、公共服务建筑、工业建筑等不同性质的建筑。并将每种使用性质的建筑按照景观风貌划分为 A 类、B 类、C 类等（图 3–13）。依据该划分结果，同种使用性质且同种立面类型的建筑可重复利用纹理贴图和规则，提高建模效率。

最后，依据建筑分类，在收集数据时对同类型外观的构筑物收集具有代表性的典型纹理贴图数据。纹理贴图数据以 *.png 或 *.jpg 格式保存。

对于建筑顶贴图将直接利用影像数据的截取获得；建筑立面的纹理数据是通过百度街景图片获得。由于街景地图获取的数据具有透视角度，因此需要对采集的透视图片做校正处理。本研究采用 Photoshop 工具对获取的贴图纹理数据进行透视调整，从而得到平面无透视图片数据。为了让后面的模型呈现效果更好，研究还对贴图纹理数据做了亮度调整、图像纠正等处理。由于控规建模范围大，需要的贴图纹理数据非常多，为了减轻数据冗余，对收集的图片数据统一做压缩处理，最后得到清晰美观、数据量小的贴图纹理数据。植被纹理数据是通过百度图片获取研究区域内常用的本土植物图片。

水体纹理贴图和植被纹理贴图可直接从百度图库中获取。其中植被纹理贴图获取后需要进行简单建模，方便后续 CGA 描述中直接使用。CE 自带的资料库中已经有很多植被模型，通过将收集的纹理贴图替换原有模型的纹理贴图，则可直接获得需要的植被模型（图 3–14）。

图 3–14　替换 CE 数据库植被模型的纹理贴图数据获得新模型

3.3.2 构建地形模型

控规地形模型是构建其他模型的基础，因此 CE 建模需要首先构建地形模型。地形模型需要表现自然或人工筑地的空间位置、几何形态以及外观效果，包括对山体、坡地、水体的表达，同时表达建筑、道路等构筑物的基底 Shape 数据。依据前文研究基础，得到控规地块模型的具体要求如表 3–2 所示。

CE 构建控规地块模型要求　　表 3–2

细节层次	描述	需要表达的控制指标	示例
LOD2 DEM + DOM （或城市设计底图）+ Shape	反映地形起伏特征和地表影像；DEM 网格单元尺寸为 30m×30m，DOM 分辨率为 1.07m，Shape 基于 1∶2000 等比例尺的正射影像图	地边界、道路布局、交通出入口方位	

先建立一个 Project 工程文件，并在 Scenes 文件夹下新建一个场景，从而开启 CE 建模的第一步。完成后将获取的数字高程数据（DEM）和正射影像数据（DOM）拷贝到工程文件目录的 Map 文件夹下。将高程数据（DEM）拖曳到场景工作窗口中，选择场景单位为米，并添加影像数据（DOM），获得具备高程和影像图像的地形图。将获取的建筑、道路水体等矢量 Shape 数据导入场景中做地形契合设置，最终获得附有建成区基底的地形模型。

此时的地形模型只有建成区的 Shape 数据，尚无规划区的构筑物基底。因此需要根据控规的资料构建路网和地块添加规划地块构筑物基底，为后期建模提供 Shape 数据基础。依据控规的土地使用规划图和道路系统规划图的 *.dxf 图纸资料，导入 CE 中获得规划区域的道路路网和地块，最终效果如图 3–15 所示。依据规划图完成的构筑物基底准确表达了道路布局、出入口方位；同时对地块进行细分，明确了地块边界（道路和用地边界为红线，生态环境保护区域为绿线，河流水域用地为蓝线，历史保护区域为紫线，基础设施用地边界为黄线）。

图 3-15　CE 构建的控规地形模型（地形＋构筑物基底 Shape 数据，彩图详见附录）

3.3.3　建模要素规则语言编写

除了地形模型，控规的道路模型、地块模型、建筑模型和植被模型的构建均需要 CGA 规则编写才能完成。依据控规要求，在 CE 中利用 CGA 语言对建模对象进行描述是 CE 规则建立控规三维模型中最核心和最关键的一步。通过将完成的 CGA 语言保存为规则文件，将规则文件赋予到对应的构筑物基底 Shape 数据上便可批量生成三维模型。再根据控规对每个建模对象的具体指标要求修改规则文件的相关参数，则可实现快速反映城市总体面貌的目的。该方法将规则批量建模特点最大化利用，减少了城市三维建模的时间和劳力成本。

3.3.3.1　道路模型规则编写

控规中规定了每条道路的道路横断面，道路横断面是道路的横剖面表现形式。一般道路的分割形式有以下几种：单幅路俗称“一块板”，指机动车和非机动车在一起行驶，在马路中间无绿化隔离带等；双幅路俗称“两块板”，指机动车车道中间有绿化隔离带区分来去车流向；三幅路俗称“三块板”，指机动车车道中间无绿化隔离带区分来去车流向，但是在两侧有绿化隔离带区分非机动车道；四幅路是机动车车道中间有绿化隔离带区分来去车流向，两侧有绿化隔离带区分非机动车道。在完成的地形模型基础上，道路基底的 Shape 数据已经完成，表达了路网的布局和道路的走向。在控规阶段，具体道路设施（例如红绿灯、指示牌、路标等）等细节模型可省略，三维道路模型需要重点表达路幅以及隔离路幅的绿化。因此在道路模型的 CGA 规则编写中，需要对道路的路面分割情况进行建模。依据前文研究基础，控规建筑模型的要求如表 3-3 所示。

CE 构建控规道路模型要求 **表 3-3**

细节层次	描述	需要表达的控制指标	示例
LOD2 道路面	表现道路走向和起伏状况，以 1∶2000 等比例尺的地形图或数字正射影像图为基准，构建道路面的三维几何面	断面名称、道路等级、交通方式（道路横断面）	

对道路横断面进行 CGA 语言描述，通过描述可构建不同道路宽度和路幅样式的道路三维模型。在具体建模时，可根据实际情况在 CE 的检视窗口调节道路路面宽度以及选择道路的路幅样式（图 3-16），图 3-17 分别展示单幅路、双幅路、三幅路以及四幅路的三维道路模型。

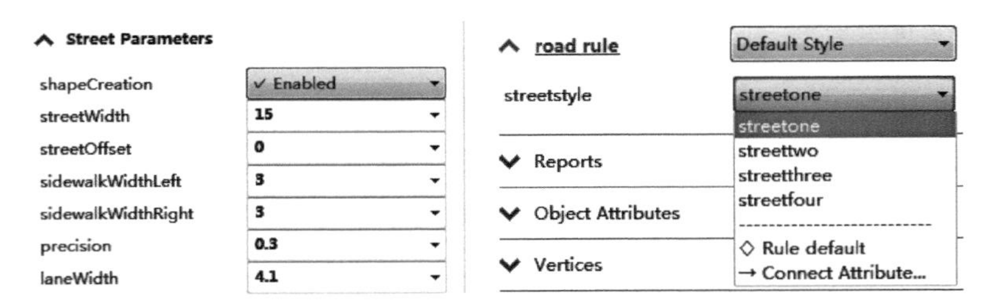

图 3-16　路面宽度调整栏（左）和路幅样式选择选项（右）

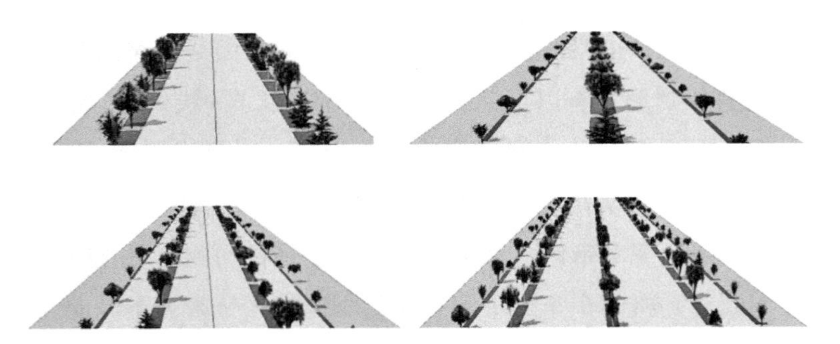

图 3-17　CE 规则建立的不同路幅的三维道路模型（彩图详见附录）

3.3.3.2　地块模型规则编写

地块在实际城市环境中是二维平面，但却是控制城市开发建设的重要单位，在其三维空间的控制约束下才能合理地对地块进行开发建设。因此根据控规指标要求编辑地块模型的规则是构建控规三维模型非常重要的内容。根据前文对控规建模内容和指标的研究，得到地块模型建模的要求如表 3-4 所示。

CE 构建控规地块模型要求　　表 3-4

细节层次	描述	需要表达的控制指标	示例
LOD1	根据地块 Shape 数据生成体块模型，其高度和空间形态依据控制指标规定	用地性质、用地面积、用地边界、土地使用兼容、建筑密度、容积率、建筑限高、绿地率、建筑后退用地边界	

关于新建地块规则，为了方便将需要表达的控制指标分为以下四类：（1）固定指标（FIXED INDEX），该类指标是根据控规图则对地块设定的固定指标或是对地块内建筑和绿地设置的指标，并不体现在地块三维模型中。具体包括地块编号、地块面积、容积率、建筑密度、绿地率、建筑限高。（2）地块体积（BLOCK VOLUME），该类指标是控规对地块三维空间的直接控制，决定了地块模型的空间三维形态。具体包括地块天空界面角度、地块前方角度、地块后方高度、地块侧方高度。（3）建筑退距（SETBACKS），该类指标是对地块建筑前后左右边与地块红线的后退距离的规定，将该类指标反馈到地块模型中，实现地块建筑建设空间的可视化，方便指导地块内部开发建设。（4）选择性指标（OPTIONS），该类指标不是控规规定性指标，但是为地块三维展示方便起到作用。

根据需要的地块三维展示要求可对选择性指标做更多设置，本研究仅针对色彩、地块展示形态（透明、框架、无顶面和不显示）做设置。

为了能直观地查询和修改三维地块模型的信息，本研究使用 Attr 函数对以上指标参数做具体定义。当 Attr 函数定义属性名与字段名相同时，属性和字段便会自动做关联，便可实现在 CE 的检视窗口（Inspector 面板）中实时显示和修改参数指标。特别是当修改参数指标时模型属性也会跟着变化，因此三维模型也会跟着变化。最终实现三维地块模型与控制指标联动显示和变化的效果（图 3-18）。

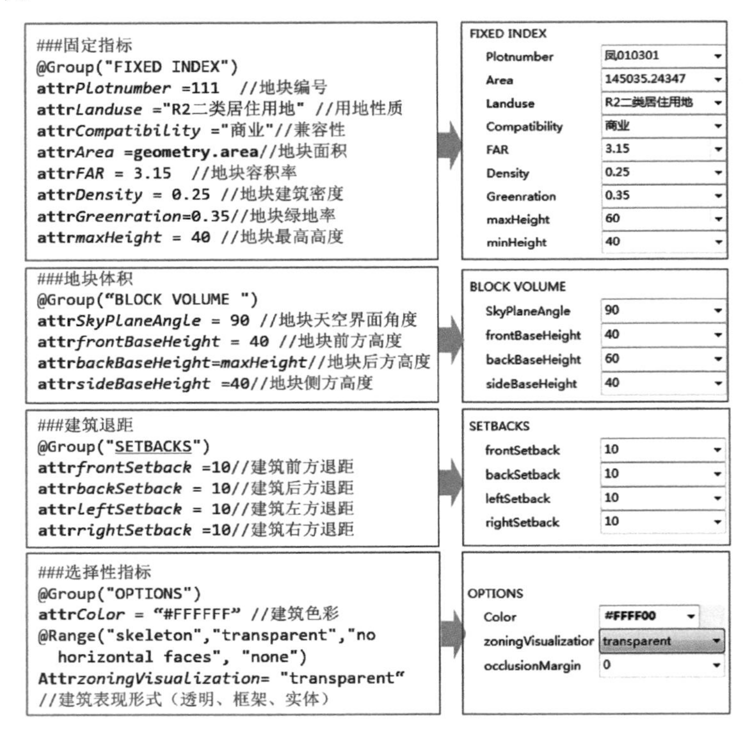

图 3-18　CGA 使用 Attr 函数定义控规指标并在检视窗口实时显示

CGA 定义的 Attr 函数尚未对如何生成模型进行描述，因此还需要 CGA 具体描述其生成方式。可以在检视窗口修改相关参数对地块体积和退距进行重新定义，获得新的地块模型（图 3-19）。

最后需要定义不同用地性质地块。通过色彩区分用地性质，每种地块色彩对应控规土地使用规划图中的用地色彩。CGA 支持十六进制颜色码和 RGA 色彩标准，表 3-5 为控规常用的 21 种土地使用性质对应的色彩及 CGA 的颜色描述代码。以居住用地、商业设施用地、行政办公用地为例，利用 CGA 对用地性质的色彩做描述，部分编写如下：

@Group (“OPTIONS”) // 地块色彩参数

attr*Color* = “#FFFFFF”

style Cultural// 居住用地色彩参数

attr*Color* = “#CD5C5C”

style Commercial // 商业设施用地色彩参数

attr*Color* = “#FF0000”

style Educational// 行政办公用地色彩参数

attr*Color* = “#FF69B4”

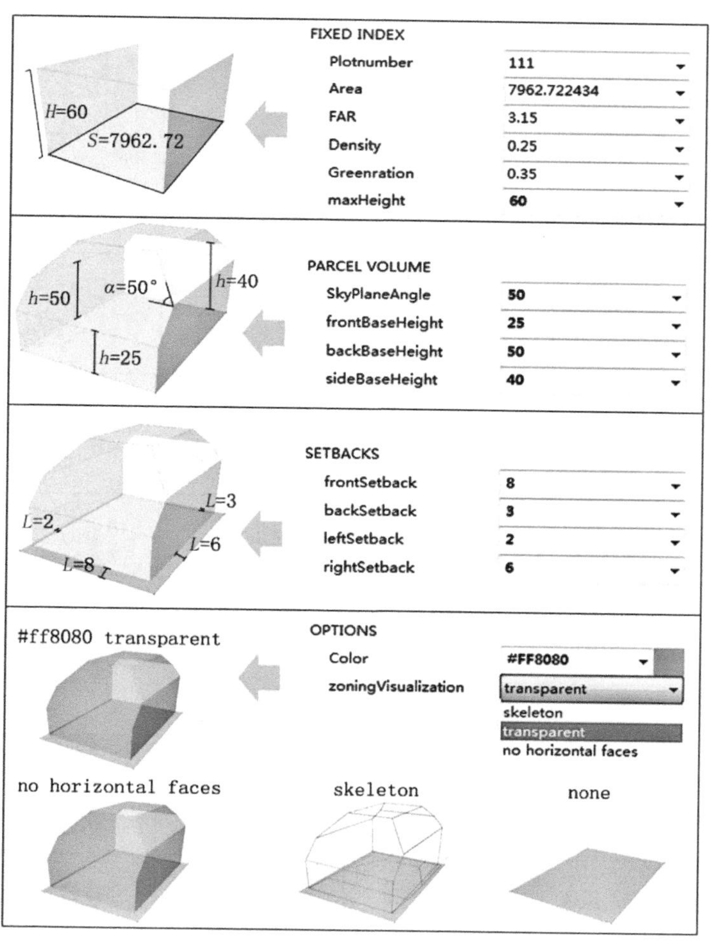

图 3-19　在检视窗口修改参数获取相应地块三维模型（彩图详见附录）

控规常用的土地使用性质对应的色彩及 CGA 的颜色描述代码
（彩图详见附录） 表 3-5

用地性质	控规土地利用色彩	CGA 色彩描述 attr*Color* = “”	地块三维模型
居住用地 Residential		#FFFF00 / 255,255,0	
商住用地 Residential_ Commercial		#FFA07A / 255,160,122	
行政办公用地 Administrative_Office		#FF8C00 / 255,140,0	
文化设施用地 Cultural		#CD5C5C / 205,92,92	
教育科研用地 Educational		#FF69B4 / 255,105,180	
体育用地 Sports		#00FA9A / 0,250,154	
医疗卫生用地 Medical		#FFB6C1 / 255,182,193	
商业设施用地 Commercial		#FF0000 / 255,0,0	
商务设施用地 Business		#800000 / 128,0,0	
公共设施营业网点用地 Public_Facilities		#B22222 / 178,34,34	

续表

用地性质	控规土地利用色彩	CGA 色彩描述 attr*Color* = “”	地块三维模型
其他服务设施用地 Service_Facility		#00008B / 0,0,139	
仓储物流用地 Logistics		#7B68EE / 123,104,238	
轨道交通线路用地 Rail_Traffic		#A9A9A9 / 169,169,169	
综合交通枢纽用地 Transportation_Junction		#F5F5F5 / 245,245,245	
交通站场用地 Traffic_Station		#696969 / 105,105,105	
供应、环卫、安全设施用地 Supply_Sanitation_Safety Facilities		#4682B4 / 70,130,180	
公园绿地 Park		#32CD32 / 50,205,50	
防护绿地 Green_Buffer		#ADFF2F / 173,255,47	
广场用地 Square		#DCDCDC / 220,220,220	
特殊用地 Special		#4B0082 / 75,0,130	

续表

用地性质	控规土地利用色彩	CGA 色彩描述 attr*Color* = “”	地块三维模型
水域 Water		#00FFFF / 0,255,255	

增加 CGA 对不同用地性质的色彩描述，最终得到不同用地性质的地块模型。通过上述工作完成控规地块三维模型的 CGA 规则编写。在实际建模工作中，只需要将该规则赋予到对应地块，并且选择对应的用地性质，便可生成对应色彩的地块模型，同时对应控规图则在检视窗口做指标参数设置，则可以高效地获取融入控规指标的三维地块模型。完成的三维地块模型也可随时查看对应的控制指标信息，即点击需要查看的地块，则在 CE 检视窗口显示所有参数信息（图 3–20）。

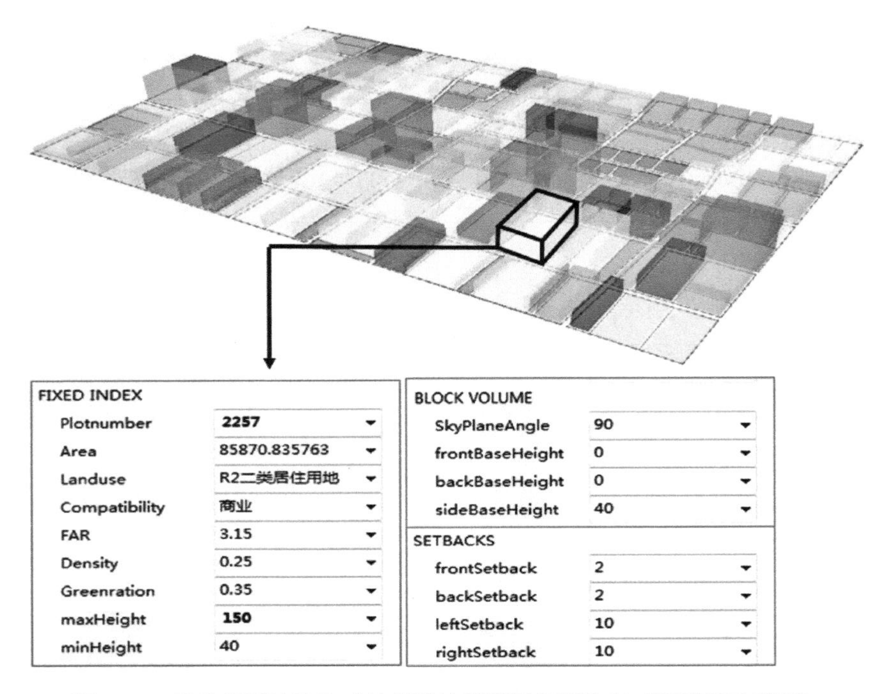

图 3–20　地块规则快速生成控规地块模型及指标信息（彩图详见附录）

3.3.3.3　建筑模型规则编写

根据对建设要素的分类，建筑模型分为建成区和规划区，故建筑规则的编写也分为建成区和规划区。依据前文研究基础，控规建筑模型的要求见表 3–6。

CE 构建控规地块模型要求　　表 3–6

细节层次	描述	需要表达的控制指标	示例
规划建筑：LOD1 体块模型	根据城市不同建筑性质的平均基底面积生成体块，同时满足控规规定性指标（建筑密度、建筑高度和容积率）的相关要求	用地性质（建筑使用性质）、建筑密度、容积率、建筑限高、建筑后退红线、建筑间距	
已有建筑：LOD2 基础模型	表现建筑物屋顶及外轮廓的基本特征；建筑物基底以 1∶2000 等比例尺的地形图建筑轮廓线为依据	—	

1. 已有建筑

已有建筑的模型细节层次为 LOD2，需要在建筑轮廓线基底上生成三维建筑模型，并将建筑的屋顶基本形状和三维轮廓的基本特征做三维表现。在地形模型的构建中，已经获取已有建筑的轮廓基底 Shape 数据；在数据准备与处理阶段，已经获得建筑贴图纹理。因此 CGA 描述的任务是根据建筑基底 Shape 数据自动生成建筑三维模型，并将贴图纹理赋予到三维模型中。由于已有建筑的建筑密度、容积率、建筑高度等控制指标已经确定，因此这些指标并不在已有建筑中表述，而是在已有建筑所在地块的地块模型中表述即可。

首先是建立建筑模型体块。通过 Extrude 函数将建筑高度与 Shape 数据自带的高度（Height）属性挂钩，实现建筑根据高度属性自动生成三维体块（图 3–21）。

```
### 建筑高度按照 Shape 自带高度属性生成体块：
```

attr*Area* = **geometry.area**

attr*Height* = 8

Lot-->extrude(*Height*)

report (“AVERAGE Height”,*Height*) buildinr

eport (“parcelArea”,geometry.area)

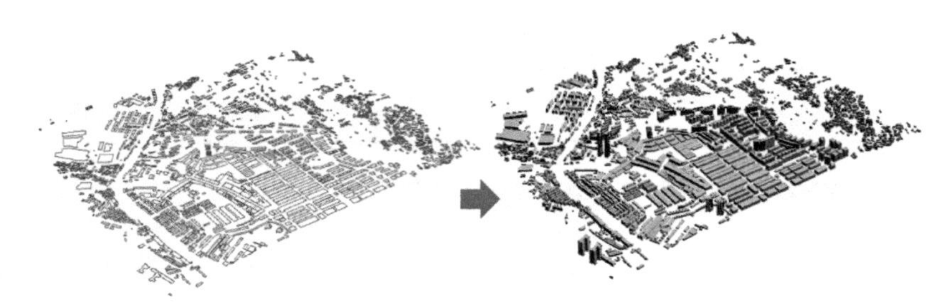

图 3-21　CGA 规则描述 Shape 数据的高度属性自动生成三维建筑体块

其次对建筑的屋顶形式进行描述。选择城市建筑常见的屋顶形式为代表：平屋顶（Flat Roof）、斜屋顶（Shed Roof）、金字塔屋顶（Pyramid Roof）、双坡屋顶（Gable Roof）、半四坡屋顶（Half Hip Roof）、庑屋顶屋顶（Hip Roof）、歇山屋顶（Gablet Roof）及拱屋顶（Vault Roof）。每种屋顶的 CGA 语言描述和对应的屋顶三维模型见表 3-7。同时对这些屋顶赋予 Atrra 属性，实现在检视窗口可手动调动参数获取新的屋顶模型。

CE 规则描述和建立建筑屋顶模型　　表 3-7

规则描述	建筑屋顶模型
Flat Roof -->// 平屋顶 **case***Roof_Ht*> 0.1: RoofPlaneoffset(-0.4,border) extrude(*Roof_Ht*) RoofMass(**false**)	
Shed Roof -->// 斜屋顶 roofShed(15) RoofMassScale	

续表

规则描述	建筑屋顶模型
Pyramid Roof -->// 金字塔屋顶 roofPyramid(45) RoofMassScale	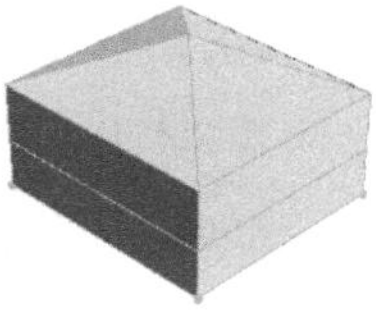
Gable Roof -->// 双坡屋顶 roofGable(45,0,0,**false**,0) RoofMassScale	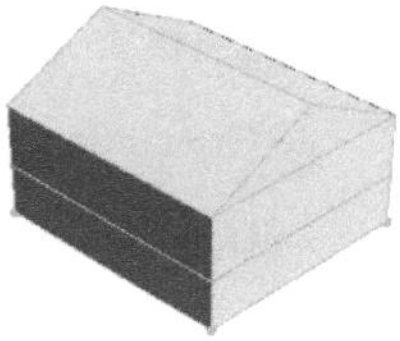
Hip Roof -->// 庑屋顶屋顶 roofHip(45) RoofMassScale	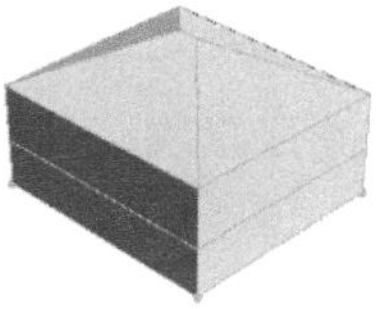
Half Hip Roof -->// 半四坡屋顶 roofGable(45,0,0,**false**,0) s('1,*Roof_Ht*,' 1) split(y){ '0.5: RoofMass(**true**) comp(f){ bottom:**NIL** | horizontal: set(*Roof_Ht*,*Roof_Ht**0.5) HipRoof } }	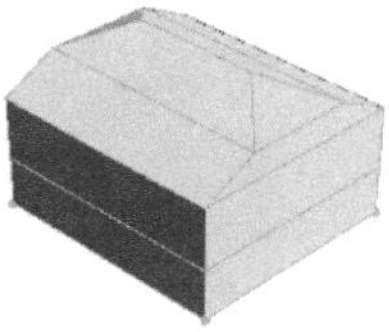
Gablet Roof -->// 歇山屋顶 roofHip(45) s('1,*Roof*_Ht,'1) split(y){ '0.5: RoofMass(**true**) comp(f){ bottom:**NIL** | horizontal: set(*Roof_Ht*,*Roof_Ht**0.5) GableRoof } }	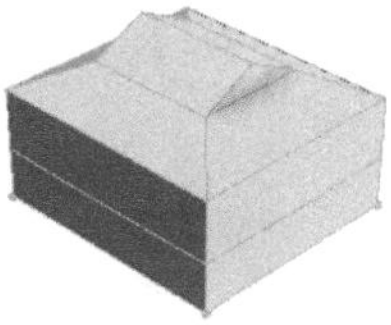
Vault Roof -->// 拱屋顶 VaultRoof(90/*curvedAngleResolution*-1)	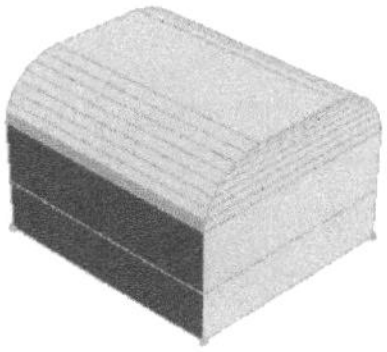

完成的建筑模型需要附上屋顶和立面的纹理贴图。在贴图纹理数据收集与处理步骤中，已经将建筑的屋顶和贴图数据按照类型保存在 Assets 文件夹内，

CGA 依据屋顶和立面贴图数据所在文件夹位置设置建筑屋顶和立面材质的引用路径，同时增加对材质契合面的描述，则完成对建筑材质的规则编写。屋顶材质的引用路径部分语言描述如下：

```
# 屋顶材质引用路径描述：
getFlatRoofTexture        = fileRandom("Roofs/Flat/flat*.jpg")
getSlopedRoofTexture = fileRandom("Roofs/Sloped/ceramic*.jpg")
# 屋顶材质引用路径描述：
getGroundfloorTexture = listRandom(_getAllGroundfloorTextures)
getUpperfloorsTexture =_selectGoodUpperfloorsTexture
(_getHigherUpperfloorsTextures)
```

最终完成的建筑模型可在检视窗口进行参数调整，以便对不同类型建筑模型进行修改，从而得到丰富多样的三维建筑模型（图 3-22）。

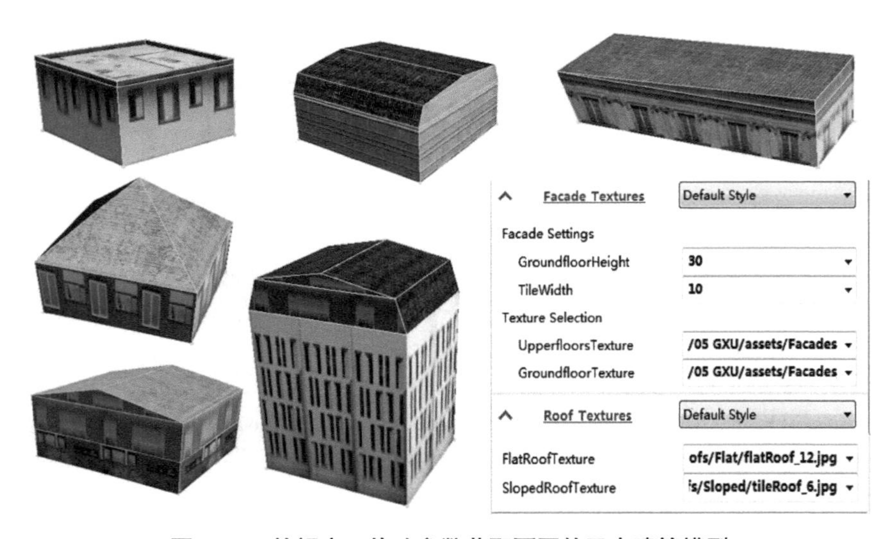

图 3-22　检视窗口修改参数获取不同的已有建筑模型

2. 规划建筑

控规对于规划建筑的三维建模任务是根据城市不同建筑性质的平均基底面积生成体块，同时满足控规规定性指标（建筑密度、建筑高度和容积率）的相关要求。其中建筑使用性质用色彩表述，色彩代码与地块一致（表 3-5）。建筑后退红线和建筑控制高度指标与地块模型的高度和后退红线指标一致，因此只要保证生成的建筑体块在地块模型之内即可。最终在建筑规则描述中，保证生成的建筑模型满足控规对建筑密度、容积率和建筑间距的要求即可。

由于规划建筑是在地块上直接建立建筑模型，并没有建筑基底轮廓线作为布局依据。因此在满足控规控制指标的基础上，还需明确建筑布局的基本要求：（1）地块内的建筑基底布局应与地块形状融合，即规则描述的建筑基底面积可根据地块形状变化；（2）建筑间距满足国家相关标准，即规则描述的建筑模型之间的南北和东西间距可变化；（3）考虑日照情况，即规则描述的建筑模型朝向以南北朝向为主，满足日照要求。针对以上要求，分别提出以下解决思路：建筑单体布局采用多种建筑单体形状（例如矩形、L 形和 U 形）来适应地块形状，同时采用网格衍生法实现单体建筑衍生为建筑群体，实现地块整体建筑布局；网格衍生法的横向网格间距和纵向网格间距分别代表建筑间的南北间距和东西间距，可调节满足国家相关标准；建筑模型的角度可 360° 调整，以满足日照要求。

基于以上相关要求和思路编写 CGA 规则。将完成的规划建筑规则赋予到规划地块的 Shape 数据上，则可生成三维建筑模型。再根据控规对每块地块的具体建筑要求在检视窗口设置指标，则最终获得符合控规指标要求的规划建筑。图 3–23 展示检视窗口修改参数后获取的不同三维规划建筑模型。

通过以上规则描述，可以实现在任意地块面积生成不同形式的建筑群。在上节地块建筑生成时，地块的顶面高度代表建筑限高，地块四面距离地块边界的距离代表建筑退距。故当使用建筑 CGA 规则生成建筑时，只要保证生成的建筑在地块三维模型之内，则建筑高度和建筑退距就满足控规要求。此外，为了保证生成的建筑群满足控规对地块环境容量的相关控制指标规定，对生成地块的建筑密度和容积率等指标进行报表输出（report），具体描述如下：

report (“ 地块面积 parcelArea”, *parcelArea*)

report (“ 建筑密度 Density”, **geometry.area** / *parcelArea*)

report (“ 容积率 FAR”, **geometry.area**(bottom) / *parcelArea*)

report (“ 建筑总面积 GFA.” + *floorUsage* + “_Area”, **geometry.area**(bottom)) report (“ 建筑占地面积 Building Area”, **geometry.area**())

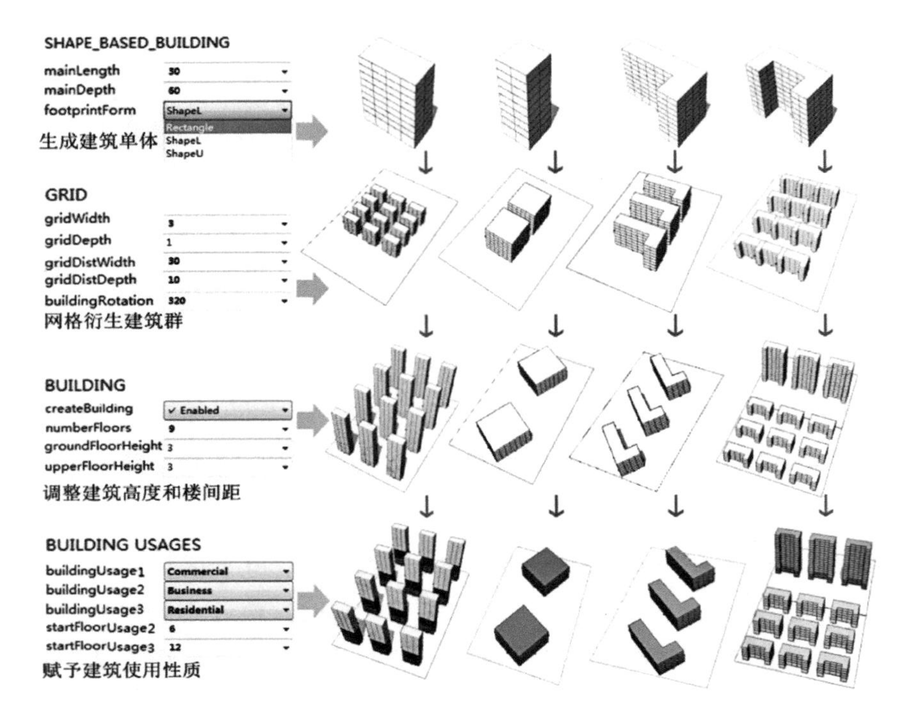

图 3-23　CGA 规则描述规生成规划建筑步骤（彩图详见附录）

根据建筑模型报表输出的指标参数可判断是否满足控规相关要求（图 3-24）。

Reports

Report	N	Sum	Avg	Min	Max
1地块面积parcelArea	2	46688.17	23344.09	23344....	23344.09
2建筑占地面积Building Area	2	12800.00	6400.00	6400.00	6400.00
3建筑密度Density	2	0.55	0.27	0.27	0.27
4容积率FAR	10	2.74	0.27	0.27	0.27
5建筑总面积GFA	10	64000.02	6400.00	6400.00	6400.00

图 3-24　报表输出规划建筑模型相关控制指标

3.3.3.4　植被模型规则编写

植被模型的要求如表 3-8 所示，植被模型的细节层次为 LOD2，需要基本反映树木的形态和高度，同时需要根据绿地率生成植被模型。绿地率是指规划建设用地范围内的绿化面积与规划建设用地面积之比，计算公式为：绿地率=（绿地面积 ÷ 用地面积）×100%。

CE 规则构建植被地块模型要求　　表 3-8

细节层次	描述	需要表达的控制指标	示例
LOD2 基础模型	采用单面片、十字面片或多片面的形式表现，宜采用标准纹理，基本反映树木的形态和高度	绿地率	

在本研究中，植被模型采用外部模型，分为有草地的绿地（可有树木也可无树木）和无草地只有树木的绿地。前者绿化面积为草地所占面积，适用于整块地块均为绿化用地的规则描述；后者绿化面积为乔木垂直投影所占面积，适用于部分用地为绿地的地块。

根据需要的植被模型类型，在上述规则基础上进行相应的删减修改，可实现三种类型的植被模型（图 3-25）。其中草地加树木形式，以及只有草地形式的植被模型的垂直投影面积占满整个地块，默认绿地率为 100%。只有树木的植被模型的绿化率是根据树木垂直投影计算，因此绿地率随着乔木量而变化。由于对植物密度做 Attr 属性设置，故可在 CE 的检视窗口输入绿地率参数获取相应的树木模型（图 3-26）。

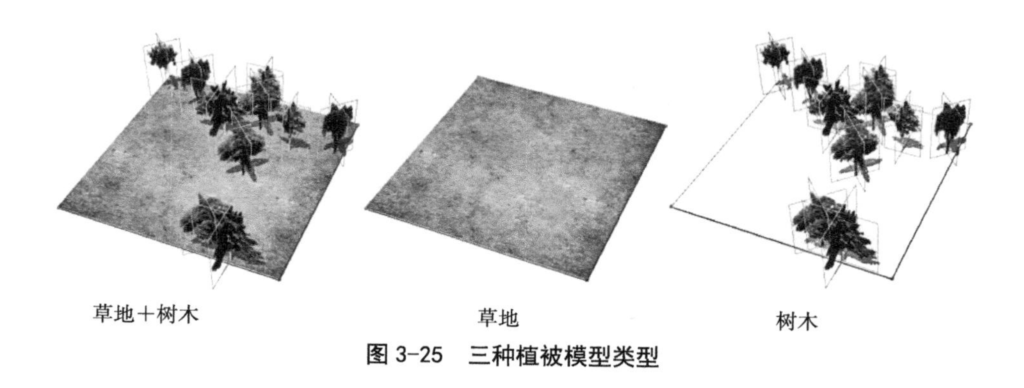

图 3-25　三种植被模型类型

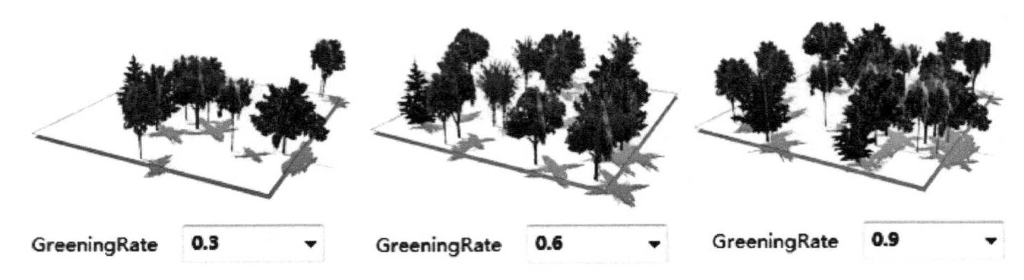

图 3-26　检视窗口修改建筑密度参数获得相应的植被模型

为了让植物能在地块中更好地结合建筑进行布局，对植物布局方式做了设置，分别为均匀分布（Uniform）、集中分布（Centered）、四周分布（Border）、南向分布（South）及沿街分布（Along Street）。

将完成的植物规则赋予到对应地块，在实际建模过程中可在检视窗口选择对应植物布局方式（图 3-27）。

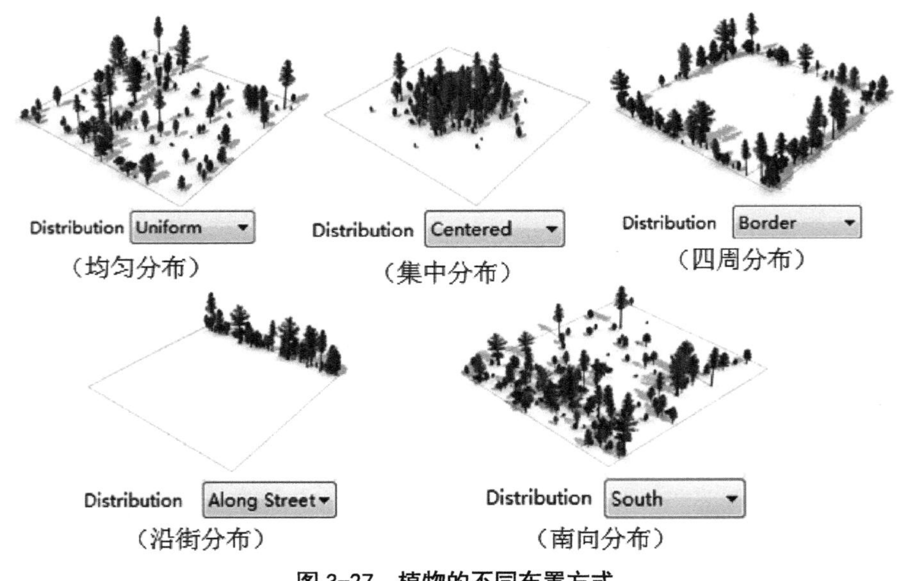

图 3-27　植物的不同布置方式

3.3.4　三维模型生成与输出

通过以上步骤获得三维地形模型（包括高低起伏的地形及地块和道路的基底 Shape 数据），以及构建三维道路、地块、建筑和植被的建模 CGA 规则文件。

建立道路模型：将道路规则赋予到道路 Shape 数据上，并对道路做贴地设置，使道路与地形契合。根据控规要求，在检视窗口对每条道路进行路幅和道路宽度的设置，则可完成三维道路模型的构建。

建立控规地块三维模型：将地块规则赋予到地块 Shape 数据上，此时地块面积自动输出。根据控规土地利用规划，通过检视窗口设置每个地块的用地性质，则生成带有色彩的不同用地性质的三维地块模型。根据控规图则，在检视窗口设置地块编号、用地代码及名称、兼容性、容积率、建筑密度、绿地率、建筑限高，则完成满足控规控制指标要求的地块模型。若控规对地块空间建设做进一步要求，则可在检视窗口对地块体积做进一步参数设置。最后，为了进一步辅助地块内部建设，还需要根据控规相关要求对建筑后退距离进行设定，完成的三维地块模型所包围的空间即为该地块建设开发的三维边界。

建立控规建筑模型：根据对建模范围内的建设对象分类，将地块分为已有建筑面积地块和规划建筑面积地块。将已有建筑规则赋予到已有建筑地块中，则生成具有实际高度的建筑体块模型；根据已有建筑实际的屋顶形式，在检视窗口对建筑屋顶做设置，同时赋予材质，则获得细节层次为 LOD2 的已有建筑模型。对于规划建筑，则在规划建筑用地地块上赋予规划建筑规则，在检视窗口设置单体建筑长度和高度；再根据地块模型包围的三维空间，设置衍生建筑群的网格参数，获得布满地块的规划建筑；最后根据控规对地块兼容性的要求，设置建筑的使用性质，获得细节层次为 LOD1 的规划建筑。

建立植被模型：对应控规用地标准，将植被建模规则赋予到有绿地率规定的地块中，并根据控规对地块绿地率的植被要求设置绿地率，则获得满足控规要求的三维植被模型。

通过以上操作将规则赋予到对应地块，则获得满足控规要求的三维城市模型（图 3–28）。完成的控规规则满足常规的控规方案相关要求，因此只需要在检视窗口做参数调整，则可在不同的控规方案中重复利用。

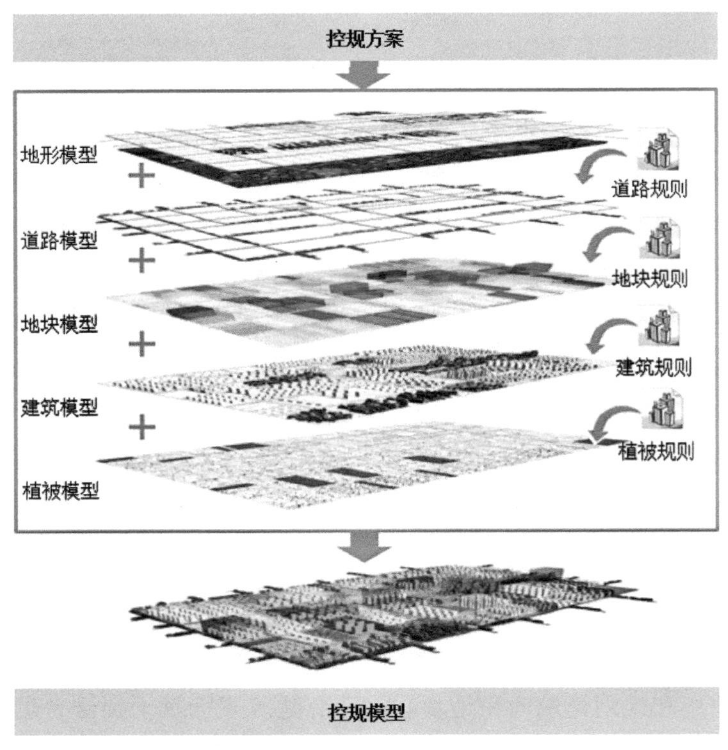

图 3-28 建模内容叠加获得控规三维模型（彩图详见附录）

3.4 案例研究

3.4.1 区域和控规方案概述

3.4.1.1 气候与城市概况

本研究以南宁市 F 片区控制性详细规划为例进行。南宁市为广西壮族自治区（简称“桂”）首府，别称绿城，本研究案例为南宁市重点开发的新区——F 片区的北边用地。根据我国《建筑气候区划标准》GB 50178—1993 相关划分规定，南宁市属于典型的夏热冬暖地区，其气候特点为夏季潮湿，而冬季稍显干燥，干湿季节分明，夏天比冬天长得多，且日照时间长，太阳辐射强烈。随着经济全球化进程的加快以及中国—东盟自由贸易区的建成，南宁市社会经济和城市建设始终保持着高速发展态势，南宁市将大力发展新区，其发展重心也将向东、南转移。

由于南宁市位于盆地之中，其夏热冬暖气候特征明显，同时城市化速度不断加快，南宁市的土地利用在城市化发展中呈现出一种建设用地圈层辐射扩张、城市建设密度高速增大、城市绿地和水体面积逐渐减少的情况，在夏季极容易出现城市高温炎热天气。根据南宁市城市热岛效应的遥感研究，并进行统一栅格化，得到2000～2010年南宁市热岛空间分布（图3-29）和热岛强度图（图3-30）。从热岛空间分布图可以看出，南宁市的城市高温区由2006年的1个区域发展为2010年的多个区域，同时高温区域以旧城为中心向外扩散，高温区域随着新区发展呈扩散发展。而从城市热岛强度图可以看出，南宁市强热岛区面积由2000年的46km^{2}增长到2010年的175km^2，年均增长率达到15.7%。

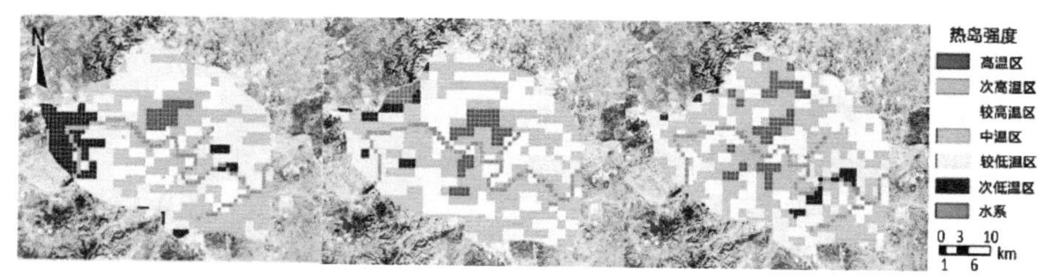

图3-29　南宁市2000年、2006年和2010年热岛空间分布图（彩图详见附录）

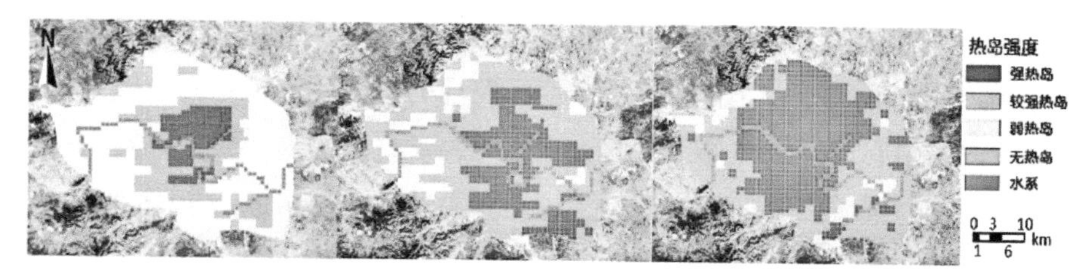

图3-30　南宁市2000年、2006年和2010年热岛强度分布图（彩图详见附录）

结合南宁市的城市规划数据与城市热岛空间分布数据，对2000～2010年的城市高温区演变规律进行分析，发现该市的城市高温区域呈现散点发展模型，即高温区逐渐由单点式变成多点式。该现象与南宁市多年的城市发展模型对应，即多中心的城市发展模式一致。除了城市高温区，次高温区、较高温区也与南宁市城市建设用地在空间和地理分布上具有对应趋势。对南宁市城市绿地、水体与城市温度数据对比，发现该市的低温区、次低温区、较低温区与城市绿地、水体在空间及地理布局上保持一致的发展趋势。故可以总结，该市的城市热岛的分布与城市建设和发展在地理和空间上保持一致，而城市新建区若不注重绿地和水体用地的保护，可能会演变为城市新高温区。随着F片区的大力发展，该区也逐渐成为城市次高温和较高温区域，其热岛强度逐渐由弱热岛区域转为较强热岛区域。

随着南宁市的高速发展，城市版图将继续向东、向南扩张。基于前期南宁市的城市发展规律和经验可知，城市热岛面积将随着南宁市城市化的加速而增加，并与城市建设用地的发展保持高度一致，城市热岛区域面积的增加趋势与城市发展的方向及空间分布一致。可以判断南宁市新区内的多种用地，例如市中心区、居住区、工业区等，将极有可能成为城市的新高温区域。因此如何对新区土地利用做更加合理的指导和评价，对南宁市实现健康、舒适和可持续发展具有重要意义。

3.4.1.2 F片区控规方案

本次研究案例——南宁市F片区是南宁市重点开发片区，也是南宁市东向发展的重要区域。为了有效地促进规划区内的规划管理，建设高品质的居住生活环境，达到经济、社会和环境之间协调发展的目标，南宁市组织编制了《南宁市F片区控制性详细规划》，图3-31是该片区控规的土地使用规划图。规划研究范围位于南宁市中心城区东北部，民族大道以北，长虹路以南，快速环路与现状高速环之间围合的区域，规划范围为1237.77hm^2，城市建设用地为1215.04hm^2。

控规方案着眼于F片区定位功能。规划F片区功能定位为：南宁市的文化中心，以生活居住为主，以商务办公、文化娱乐功能为辅，配套高端的文化教育、会议和展示等功能的城市新区。用地布局方面，该规划尽量保留现状、已建、已批用地，片区以居住为主，配套商业、文化、休闲娱乐等城市功能。结合路网对用地布局进行局部调整，同时结合重大基础设施增加用地的混合性。

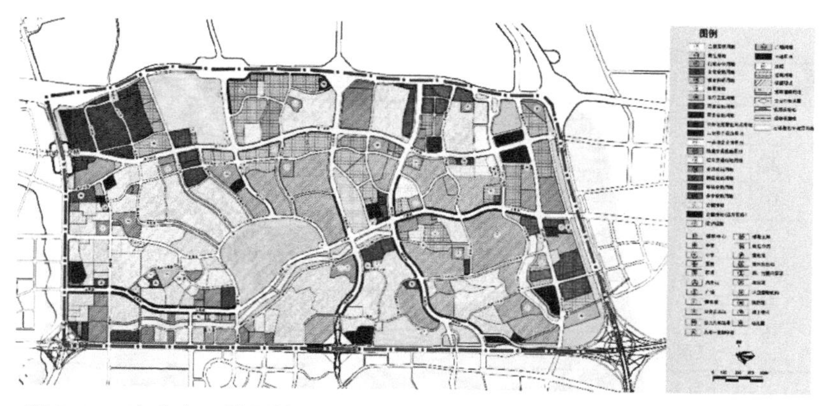

图 3-31　南宁市 F 片区控制性详细规划土地利用规划图（彩图详见附录）

该片区控规方案的用地分类依据《城市用地分类与规划建设用地标准》GB 50137—2011 相关要求执行。规划范围内主要分为居住、公共服务设施、商业服务业设施、道路、公用设施、绿地与广场，共计六大类。表 3–9 为 F 片区城市建设用地平衡表。与现状用地构成相比，规划居住用地占城市建设用地的比例有所下降，公共设施用地、道路广场用地和绿地的比例都有不同程度的提高，规划区内新增中小学用地、医疗设施用地、商务用地和绿化用地。规划区的用地构成更加符合片区未来发展的功能定位和规划目标对各类用地的规模要求。

F 片区城市建设用地平衡表　　表 3–9

<table>
<tr><th>用地代码</th><th colspan="3">用地名称</th><th>用地面积（hm^2）</th><th>占城市建设用地比例（%）</th></tr>
<tr><td>R</td><td colspan="3">二类居住用地</td><td>285.59</td><td>23.50</td></tr>
<tr><td>R/B</td><td colspan="3">商住用地</td><td>163.71</td><td>13.47</td></tr>
<tr><td rowspan="5">A</td><td colspan="3">公共管理与公共服务设施用地</td><td>158.34</td><td>13.03</td></tr>
<tr><td rowspan="4">其中</td><td>A1</td><td>行政办公用地</td><td>77.66</td><td>6.39</td></tr>
<tr><td>A2</td><td>文化设施用地</td><td>2.38</td><td>0.20</td></tr>
<tr><td>A3</td><td>教育科研用地</td><td>71.12</td><td>5.85</td></tr>
<tr><td>A4</td><td>医疗卫生用地</td><td>7.18</td><td>0.59</td></tr>
<tr><td rowspan="4">B</td><td colspan="3">商业服务业设施用地</td><td>118.63</td><td>9.76</td></tr>
<tr><td rowspan="3">其中</td><td>B1</td><td>商业用地</td><td>79.33</td><td>6.53</td></tr>
<tr><td>B2</td><td>商务用地</td><td>38.96</td><td>3.21</td></tr>
<tr><td>B4</td><td>公用设施营业点用地</td><td>0.34</td><td>0.03</td></tr>
</table>

续表

用地代码	用地名称			用地面积（hm²）	占城市建设用地比例（%）
S	道路与交通设施用地			281.15	23.14
	其中	S1	城市道路用地	271.02	22.31
		S4	交通站场用地	10.14	0.83
U	公用设施用地			10.96	0.90
	其中	U1	供应设施用地	6.84	0.56
		U2	环境设施用地	1.05	0.09
		U3	安全设施用地	3.07	0.25
G	绿地与广场用地			196.66	16.19
	其中	G1	公园绿地	179.93	14.81
		G2	防护绿地	4.87	0.40
		G3	广场用地	11.86	0.98
H11	城市建设用地			1215.04	100.00
H4	特殊用地			4.58	—
E1	水域			18.15	—
	规划范围			1237.77	—

F 片区控规的控制指标体系包括土地使用、建设容量、建筑建造、设施配套、设计引导五个方面。其中土地使用的规划控制，是对该区建设用地具体建设的开发内容、地理位置、面积范围及开发边界等方面做出规定。制定的控制指标主要包括：建设用地性质、面积和使用兼容性。建设容量规划控制，是对建设用地能够容纳的建设总量和人口数量做最高定值限定。具体控制指标包括容积率、建筑密度、绿地率。建筑建造规划控制，是对建设用地上的建筑物二维、三维空间布局和建筑物之间的关系做出定量和定性的规定。其使用到的控制指标有建筑限高（即允许的最大建筑高度）、建筑后退道路红线距离、建筑间距、建筑红线、机动车出入口方位和数量、停车车位。设施配套规划控制，是对居住、公共设施等用地上的公共服务设施建设提出定量配置要求。具体控制指标涉及教育、医疗卫生、文化体育、商业服务、社区管理服务、社会福利、交通和市政公用设施。设计引导规划控制，是指从空间艺术的美学角度，对建筑和建筑群体之间的三维空间提出建议，一般会有配套的城市设计方案作为配套资料进行指导。涉及的控制指标包括建筑风格、建筑体量、建筑色彩、建筑

组群空间组合形式等。同样地，上述指标可分为规定性和引导性指标。

除了控规文本，该片区控规的控制性指标在地块层面主要通过图则进行明确说明，图 3-32 为 F 片区凤 0102 地块图则。该图纸规定了地块的编号、用地代码及名称、面积、兼容性、容积率、建筑密度、适建高度、绿地率、道路横断面等相关信息。

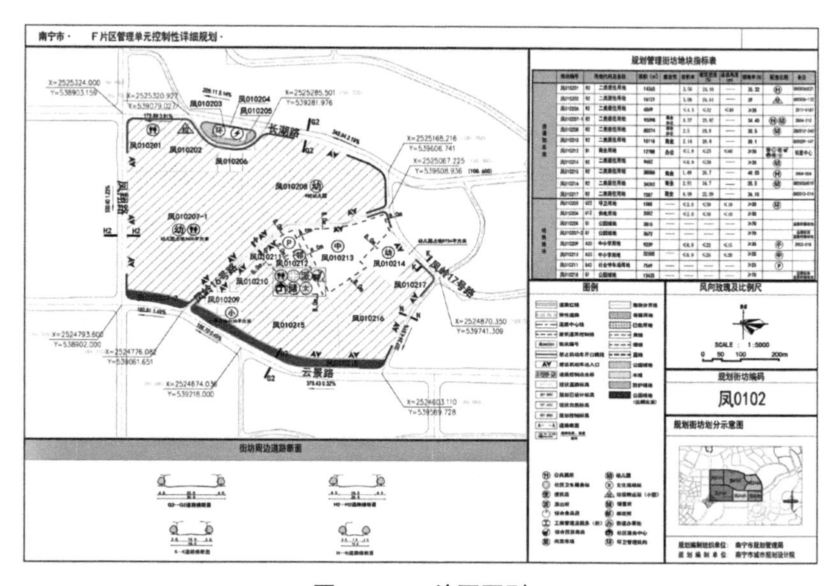

图 3-32　F 片区图则

F 片区位于南宁市重点发展的新区内，其建设基地是在自然植被基础上进行，其高速发展致使对土地、水资源、环境和道路等需求急剧扩展，特别是该区建设活动频繁导致出现了许多加快城市热岛效应的问题。而目前该区域的控规还是传统的规划方法，并未对其进行热环境考虑和评价，该片区的城市设计也还处于设计条文建议阶段，未做整体的城市设计方案，也未对该区的控规做三维城市模型。基于上述背景，本研究需要合理且便捷地对该片区的控规方案进行热环境评价，以此辅助该区进行更加合理和可持续地建设发展。为此首先要对该区进行控规方案的三维城市模型构建。

建模目的：基于 F 片区控规方案，采用规则建模方式自动化建立该片区的三维城市模型，将控规二维控制指标转化为三维城市模型。该方案的三维城市模型需要在三维空间上反映控规控制指标信息，特别需要准确表达规定性指标信息，具体包括用地性质、用地界限、用地面积、容积率、建筑密度、绿地率、建筑限高、建筑后退、建筑间距、车辆出入口方位。本案例的控规三维模型需要准确表达上述控制性指标，同时能实时显示控制性指标数据；对于引导性指标则可以选择性表达。

建模要求：完成的三维城市模型可与控制指标做同步变动。在规则修改某项控制指标时，该改动能实时同步反映在三维模型上；完成模型的各类指标参数可实时查询和显示：在选取模型对象时，模型包含的控制指标参数可在窗口实时显示。该控规三维模型可辅助规划师把握控规方案下塑造的城市三维空间情况以及促进政府部门对开发建设的管理；也为评价城市热环境提供三维模型展示基础，辅助规划师认知三维空间与城市热环境的关系。

建模内容：基于 F 片区控规的控制范围，对 1237.77hm^2 规划范围，其中包括 8 个单元、43 个街坊和 529 个地块进行三维城市建模。具体建模内容包括地形模型、地块模型、道路模型、建筑模型以及绿地建模。建模对象既包括已建成环境的三维模型，也包括尚未建设的三维虚拟模型。

相关工具：本控规方案的三维城市模型构建方法采用规则建模方法进行自动化建模。相关工具为：建模软件选取城市引擎（CityEngine，简称 CE）；地理数据获取工具为水经注万能地图下载器，数据源为谷歌卫星地球；贴图纹理获取工具为百度全景地图、谷歌卫星地球；地理数据处理工具为 ENVI、Arc Map 和 Global Mapper；图像处理工具为 Photoshop。

3.4.2 控规方案三维模型构建

3.4.2.1 数据准备与处理

规划数据：《南宁市 F 片区控制性详细规划》提供的规划信息数据是建立控规方案三维城市模型的基础信息。参考的信息包括该规划文本、图件（图纸和图则）和规划说明书。图则对地块的规定性指标是形成三维空间形态的基础，三维城市模型必须准确地展示图则中的规定性信息。

地理信息数据：包括数字高程数据（DEM）、数字正射影像图（DOM）、建筑矢量数据、道路矢量数据。通过水经注万能地图下载器下载谷歌地图数据，通过框选 F 片区及其周围区域，并做影像（19 级）和高程数据（15 级）的级别设置，地理信息数据的坐标选取为 WGS84 经纬度投影坐标，则可下载获取数字影像数据和数字高程数据。利用 ENVI 对遥感数据进行正射校正，最终得到包含地理信息的正射影像地图（DOM）。

本案例的矢量数据包括建筑和道路矢量数据。建筑矢量数据包括建筑轮廓线和建筑高度信息。在水经注软件中在线查看，选择地图数据源为“矢量地图”。本案例中的建筑矢量数据是基于 1∶2000 等比例尺的地形图建筑轮廓线获取。通过查找南宁市 F 片区，发现本研究区域在谷歌地球中的建筑矢量数据较为完整。框选下载区域数据并进行下载，保存为 *.shp 格式数据即完成建筑矢量数据的获取。同理，框选该片区的路网范围并下载保存为 *.shp 数据，则获得道路矢量数据。由于建筑矢量数据并不是全部能用，例如对于一些临时建筑以及在规划中不会保留的建筑需要删除，同时道路存在冗余数据需要处理，故利用 Arch Map 对建筑数据进行删除及对道路做中心线处理，则获得最终的矢量数据。获取的地理形象数据如图 3-33 所示。

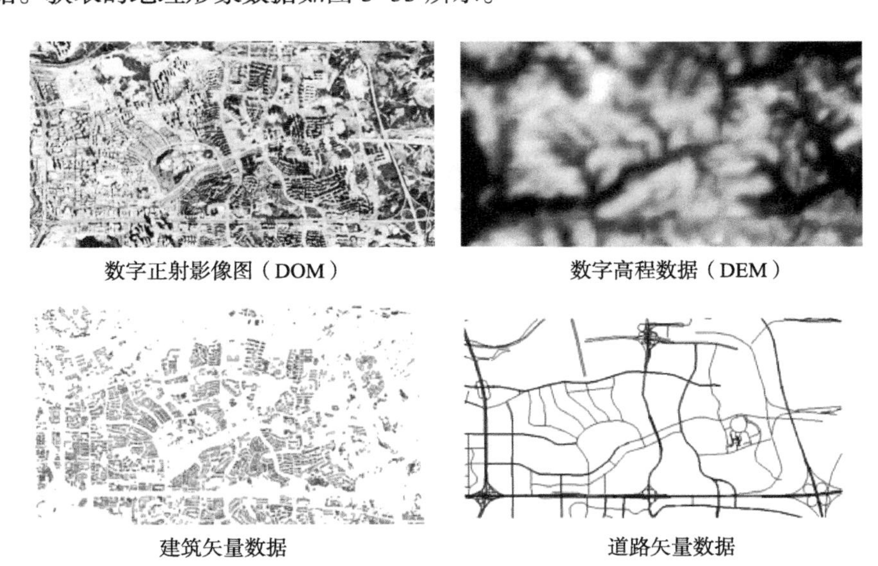

图 3-33　F 片区获取的地理信息数据

纹理贴图数据：纹理贴图数据包括F片区规划范围内的建筑屋顶、立面数据以及植物纹理数据。由于本研究重点并不在精细建模，故根据景观分类，对外观类似的构筑物做收集同样纹理贴图处理。利用谷歌卫星地图获取与建筑矢量数据坐标一致的屋顶纹理。建筑立面的纹理数据通过谷歌街景图片获得；植物纹理数据通过百度图片获取南宁市本土植物图片。采用Photoshop工具对获取的贴图纹理数据进行调整，最后得到清晰美观、数据量小的贴图纹理数据。图3–34显示本研究获取的部分建筑纹理贴图数据。

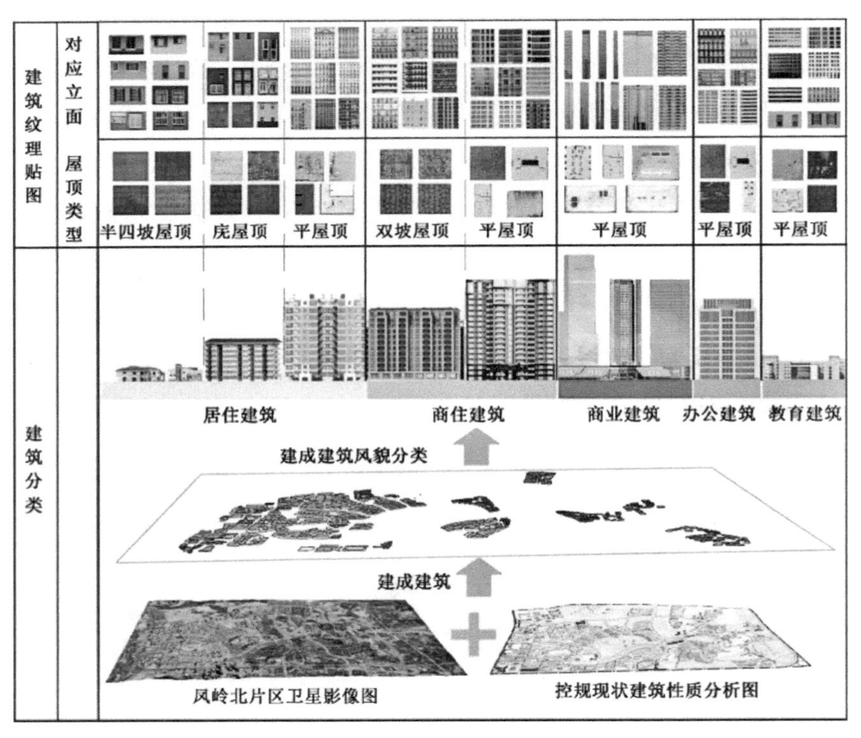

图3–34 F片区收集的建筑纹理贴图数据（彩图详见附录）

3.4.2.2 地形建模

南宁市F片区的地形情况如下：规划区位于中心城区东北部，用地沿民族大道向北向纵深延伸，主要为低山土丘陵地带，整体地势呈“中间高，两边低”特点。地形起伏较大，多山体和低洼。山体土质主要由膨胀土和三合土构成。

基于这样的地理条件和本研究的需求，该片区的地形三维模型需要依据地理信息数据表现山体、坡地、水体的高程变化，同时结合影像图表述地形的纹理；此外还需要附着在地形上的建筑、道路、水系、绿地等矢量数据。

基于前期数据收集，已获得本规划范围内的 15 级数字高程模型（DEM）和 19 级数字正射摄影图（DOM）。本案例将通过城市引擎（CE）对这两个数据进行叠加，实现本区域的地形三维建模。首先在 CE 中新建一个工程文件，命名为 Nanning F District，并创建一个新的场景。将数字高程模型数据——F 影像数据 .tif 和数字正射摄影图数据——F 影像数据 .jpg 复制到 Maps 文件夹中。然后选中 F 片区高程数据（格式为 .tif）和影像数据（格式为 .jpg）拖曳到场景中，点击完成则自动生成地形三维模型，如图 3-35 所示。由于建模范围大，因此整体上看地形起伏不大，但查看局部地区可较为真实地观察到地形的起伏变化。在界面的检视窗口可以实时查看三维地形的信息数据，包括数据源、地形尺寸、坐标等信息。

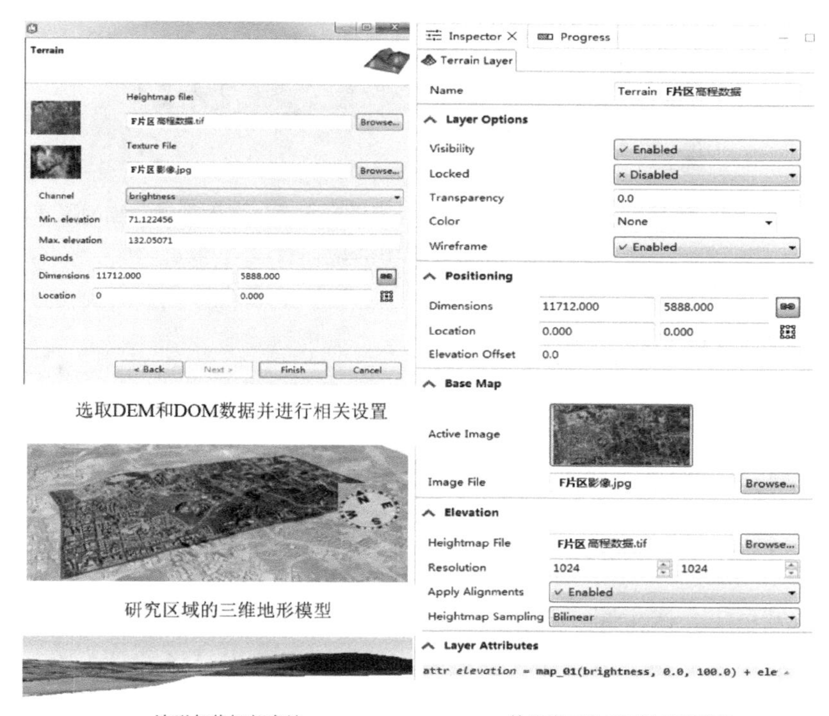

选取DEM和DOM数据并进行相关设置

研究区域的三维地形模型

地形起伏细部表达

检视窗口显示三维地形信息

图 3-35 CE 中生成的三维地形模型

完成地形基础的三维模型后，在CE中分别导入已获取的建筑、道路中心线、绿地和水系的矢量数据，保持导入的坐标一致，则矢量数据自动与地形数据在水平方向重叠。因为道路数据为线型，需要在导入CE之后对道路进行面设置，点击CE中道路路面生成选项自动生成道路面，点击【clean street】即可完成冗余数据的清理，此时地形附着物全部形成面的形式与地形重叠。

无论是传统建模还是现有的数字摄影测量建模技术，都无法回避建筑与地形起伏无法匹配的问题，特别是本案例中存在坡地与洼地。因此需要对上述矢量数据进行贴地处理。利用CE中的建筑底面贴地（Align Shapes to Terrain）、路面贴地（Align Street to Terrain）以及地面整平（Align Terrain to Shapes）三个功能，可以实现三维地形模型与附着物的契合，如图3-36所示。

图3-36 经过贴地处理后的建筑、道路、绿地和水系矢量数据与三维地形契合（彩图详见附录）

3.4.2.3 道路建模

规划区范围内现状道路系统分为城市快速路、主干路、次干路、支路和巷路五个等级，图3-37显示F片区的道路系统规划图和四种断面形式。

城市快速路：快速环路竹溪大道—厢竹大道，红线宽度为60m，断面采用四幅路的形式，双向8车道。

现状城市主、次干路：东西向主要有民族大道、佛子岭路、云景路等，南北向主要有凤凰岭路、凤翔路、高坡岭路等，以及呈半月形的月湾路，红线宽度为24～60m，断面有单幅路、两幅路、四幅路三种形式。

支路：由于近年来房地产项目的自身建设情况和道路施工滞后的情况，使得规划区内的支路系统不完善，断头路和正在建设施工的道路较多。区域内支路红线宽度为 10 ~ 20m，断面大多是单幅路的形式。

巷路：为地块内部道路，例如居住小区内部步行道路。红线宽度为 10 ~ 20m，断面大多是单幅路的形式。

基于以上控规要求和本方案建模的层次要求，道路三维模型需要构建道路路面的三维几何面、该片区各个等级的道路三维模型。在 CE 中利用 CGA 规则文件生成（图 3-38）。

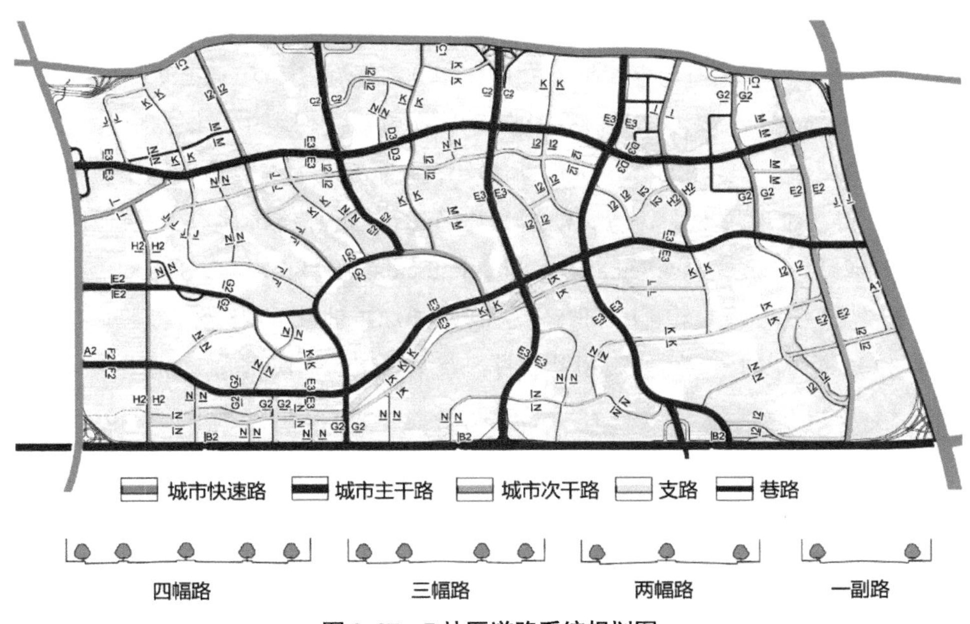

图 3-37　F 片区道路系统规划图

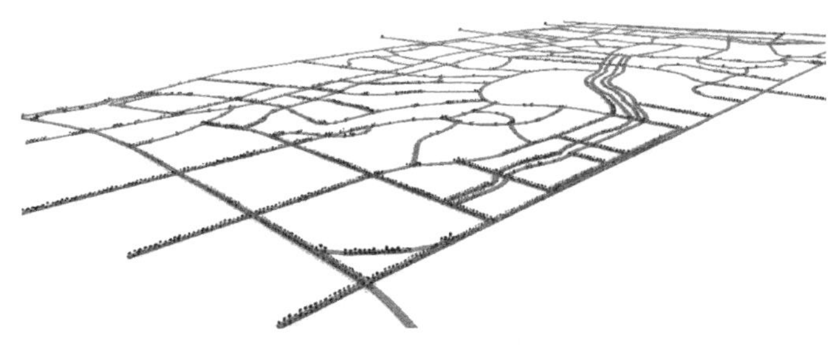

图 3-38　CE 规则建立 F 片区三维道路模型

3.4.2.4 地块建模

本研究对 21.66km^2 规划范围，具体包括 8 个单元、43 个街坊和 529 个地块进行三维建模。将第 3 章完成的地块规则直接赋予到完成的 F 片区地形模型的地块 Shape 数据上并选定用地性质，则可获得具有用地属性的地块二维模型，再根据控规要求在检视窗口修改参数就可快速获得 F 片区地块模型。以地块凤 10301 为例，该地块面积（Area＝26738m^2）将直接读取反映在检视窗口，再根据地块图则要求，将该地块的地块编号（凤 010301）、地块代码和名称（R2 二类居住用地）、兼容性（商业）、容积率（FAR＝3.3）、建筑密度（Density＝27.2）、绿地率（Greenration＝36）输入到检视窗口对应的参数列表中。根据 F 片区高度控制规划图，输入最大高度（80m）和最小高度（60m）参数后，地块获得高度属性，获得三维地块形态。最后根据 F 片区建筑退距控制图输入建筑退距参数（frontSetback ＝10m，backSetback ＝8m，leftSetback ＝8m，rightSetback ＝5m），获得最终的三维地块模型，准确反映凤 010301 地块的开发建设环境容量（图 3–39）。通过以上参数设置，获得F片区整个区域的地块模型，如图 3–40 所示。

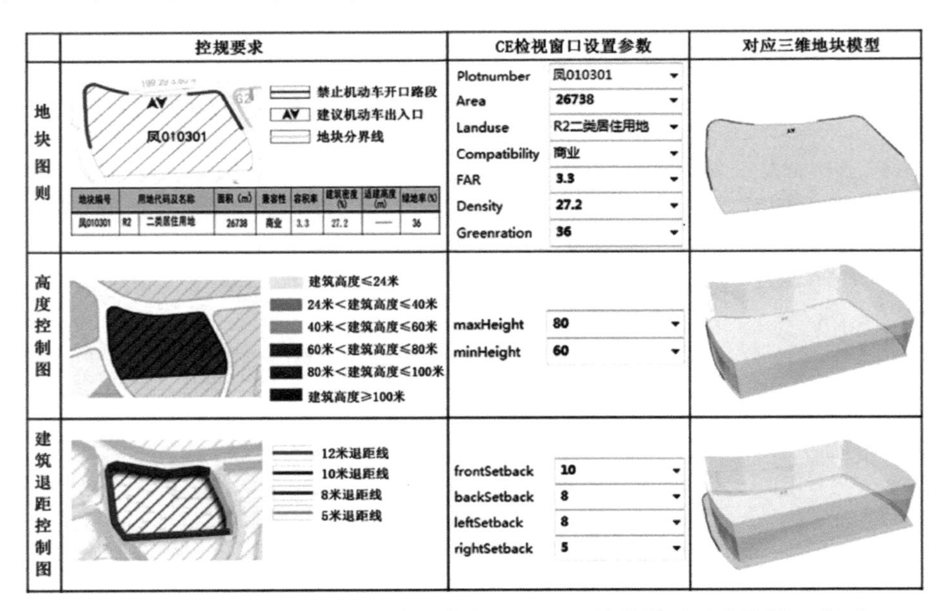

图 3–39　根据控规要求建立 F 片区地块凤 010301 地块模型（彩图详见附录）

图 3-40　CE 规则建立 F 片区地块模型（彩图详见附录）

3.4.2.5　建筑建模

F 片区已有建筑以居住、公共服务、商业建筑、商住和市政用途为主，部分为需要拆除的村庄建筑。规划范围内一～三层的低层建筑主要是宁汇新天地等别墅建筑、部分村庄建筑、商业建筑和市政建筑。四～六层多层建筑主要是一些居住小区、企业单位生活区内的居住建筑、行政单位的建筑以及学校的部分建筑。而七～九层的中高层建筑和十层以上的高层建筑大多为居住建筑。规划区建筑密度一半以上基本控制在 20%～30%，各个地块的建筑密度按照六个层次（＜ 10%、10%～20%、20%～30%、30%～40%、40%～50%、＞ 50%）进行划分。各个地块的容积率从 0.5～3.0 分成七个档次进行分析（＜ 0.5、0.6～1.0、1.1～1.5、1.6～2.0、2.1～2.5、2.6～3.0、＞ 3.0）。

根据 F 片区的用地情况，需要对已有建筑进行 LOD2 细节层次三维建模，对规划建筑需要进行 LOD1 细节层次建模。

对于已有建筑，将完成的建筑规则赋予到获取的建筑 Shape 数据上，并对建筑屋顶做样式设定，同时对纹理贴图做路径设置（根据建筑分类，同一风貌类型的建筑使用同样的纹理贴图），则可获得已有建筑的三维模型。F 片区建成三维模型如图 3–41 所示。

对于规划建筑，将完成的规划建筑规则赋予到地块 Shape 数据上，并根据地块形状和控规对地块的环境容量规定在检视窗口做参数设置。首先对建筑使用性质设定；再对每个地块的单体建筑进行体量（长、宽和高）参数设置；最后对单体建筑进行网格设置生成建筑群，建筑群的生成范围为地块模型的三维地块内。建模完成的规划建筑可以报表的形式输出地块建设容量参数（建筑密度和容积率），保证报表输出的参数满足控规要求即完成规划建筑的三维建模。图 4-42 为 CE 规则建模构建的规划建筑模型。

最终完成的 F 片区三维建筑模型（已有建筑和规划建筑模型）如图 3-43 所示。该模型既展示 F 片区已有建筑的建筑布局、形态和贴图纹理，还根据控规要求对未开发建设用地的建筑布局进行展示。

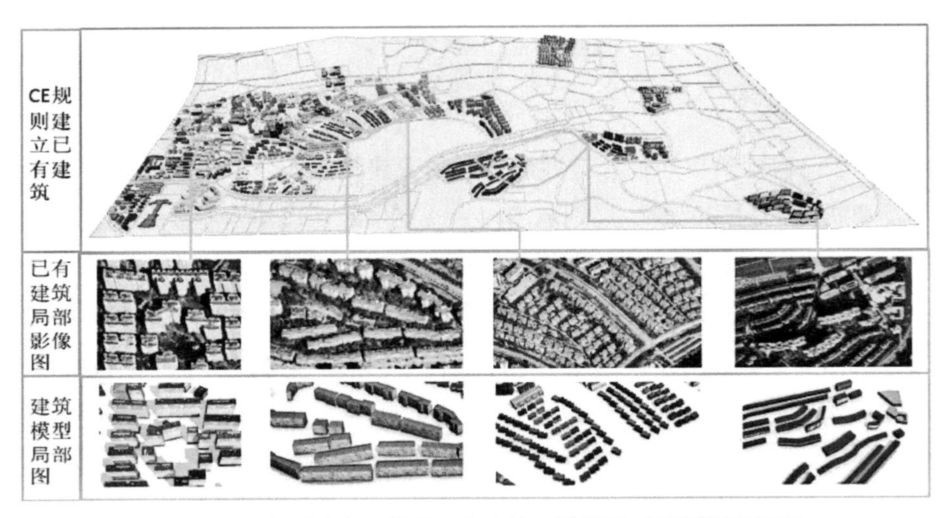

图 3-41　CE 规则建立 F 片区已有建筑三维模型（彩图详见附录）

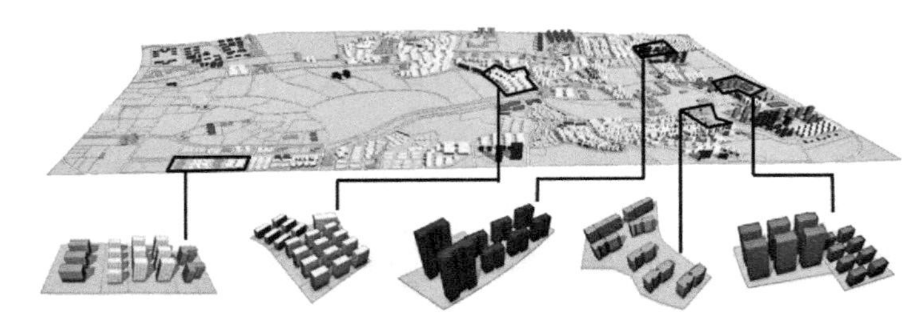

图 3-42　CE 规则建立 F 片区规划建筑三维模型（彩图详见附录）

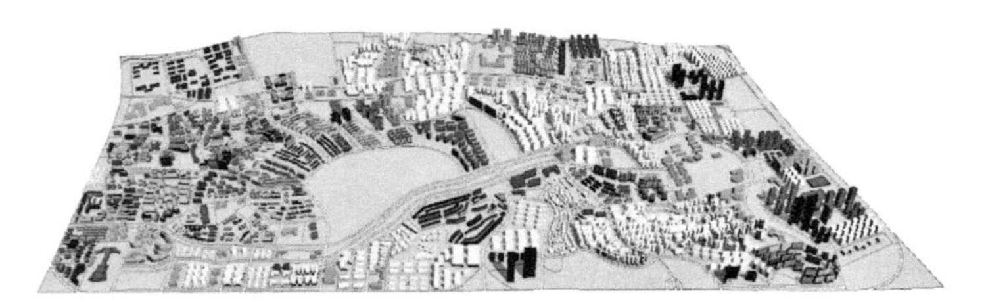

图 3-43　CE 规则建立 F 片区三维建筑模型（彩图详见附录）

3.4.2.6　植被建模

规划范围内以F片区儿童公园绿地为中心绿地，配建公共开放的绿地，并以景观绿地形式沿竹溪大道—厢竹大道、民族大道、凤凰岭路等主要道路分布。

F片区的绿地分为三种，一种是绿地率高于60%的公园绿地、防护绿地等；另一种是绿地率低于50%的常规绿地，即在居住区、商业区、行政办公区内的绿地；最后一种是道路绿地，其建模在道路模型中已经完成。本节构建的植被模型主要针对前两种。其中公园绿地、防护绿地等采用具有草地和乔木结合的植被规则，常规绿地采用只有乔木的植被模型。

将完成的两种植被规则分别赋予到对应的地块中，公园绿地和防护绿地可根据绿地率调整乔木率参数，创造不同的景观效果。而常规绿地由于有建筑物，因此在满足控规对地块绿地率要求的同时，还需要根据地块形状和建筑物布局选择乔木的布局方式，上述参数可全部在检视窗口内设置。图3-44为采用CE规则建模完成的F片区植被模型，并局部展示了建成区和规划区内的植物参数设置。

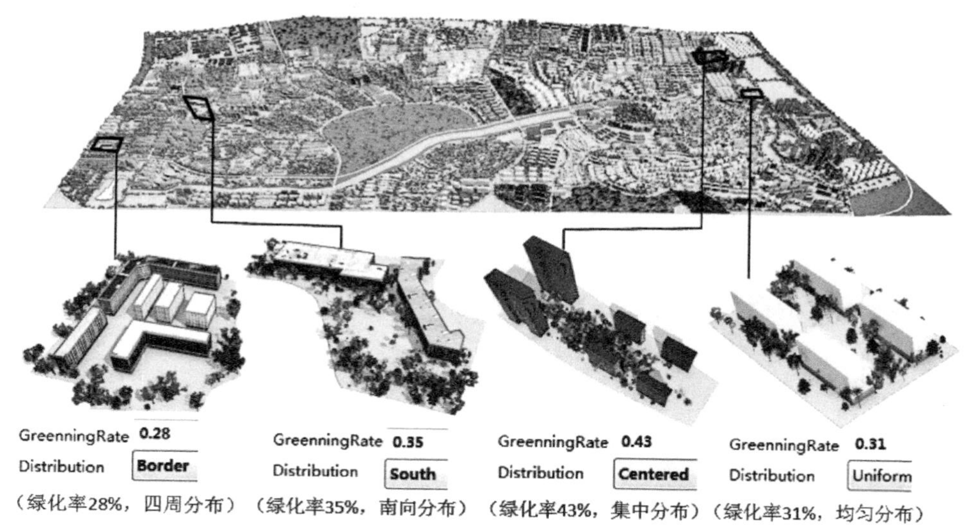

图3-44　CE规则建立F片区植被模型（彩图详见附录）

第 4 章　规则建模辅助分析控规方案风环境

上一章讨论了根据控规指标如何实现高效构建控规方案城市三维模型，本章节将在此基础上，研讨如何利用构建的三维模型辅助分析控规方案的通风情况。

本章引入一种快速分析城市通风环境的方法：将基于规则的快速三维建模与城市围合度理论相结合，实现高效获取城市整体和各个片区的城市围合度数据，辅助分析整个城市和各个片区的通风情况。本章研究内容主要有以下三个方面：（1）对基于城市围合度方法进行分析，找出其目前存在难以获得围合度数据的问题，并提出可利用规则建模方法解决该问题。（2）选取影响城市通风的控规控制指标，提出运用基于城市围合度进行城市通风分析的方法及数据处理流程。（3）基于城市控规和城市设计方案，利用规则高效建立控规建筑三维体块，并对不同分区的建筑标注色彩区分用地性质。在完成的三维模型的基础上划分整个城市和各个分区的垂直剖面，提取剖面面积数据，并绘制城市围合度图。最后将城市围合度图与城市风玫瑰图叠加，用此叠加图分析整个城市和各个分区的通风情况，并提出优化建议。

本章以某县城（以下简称 L 城）为例进行案例研究，根据各个片区的控规和城市设计相关指标构建该城市三维城市模型。基于构建的三维城市模型对 L 城和各个片区的通风环境进行分析和评价，并提出针对该控规方案的通风环境优化建议。

4.1　基于城市围合度的风环境分析方法

4.1.1　城市围合度与城市风环境

采用规则建模方法高效获得非高精度的控规方案三维模型，该三维模型将控规指标从二维转为三维，可以更高效地展示控规要求下的虚拟城市空间形态。利用该方法完成的控规三维模型，展示了不同用地布局的三维空间形态，将城市的基本三维形态进行勾勒，包括构筑物、空地、间隙等空间都清楚地展示。而这些构筑物组合起来的空间直接影响了城市的通风情况。因此控规三维模型在定量分析城市通风情况方面有很重要的应用潜力。Steemers 提出的基于城市围合度的城市通风分析理论就是从城市三维形态出发，根据城市三维障碍物的累计面积讨论城市三维空间对通风的影响[74]。本研究将该方法与规则建模进行结合，实现根据控规指标高效构建控规方案三维模型，并从构建的三维模型中提取各个方向的城市围合度数据，用此数据辅助规划师分析控规指标下不同城市片区的通风情况。

城市形态的围合分布特性是指城市实体形态在不同方位上的封闭度，即阻碍风通过的能力。城市中的实体构筑物与虚体空间会在三维空间里呈现疏密相间的特征，这种特征整体反映了城市三维空间上的多孔性，可用以反馈城市不同方向上实体构筑物的围合性和封闭性。而城市的这种多孔性主要通过不同方位城市构筑物的垂直剖面体现，包括构筑物剖面的高度和面积两种指标，可整体描述该剖面方向城市的多孔性和封闭性。而风是在城市虚体空间中流动，遇到实体构筑物会被阻挡。因此通过分析城市形态的围合特性可对城市不同方位的通风效率进行评价[74]。当以研究区域的某一点为坐标原点做通过该中心的若干个不同方位的立面剖切工作，并提取面积或高度数据，便可反映该研究区域的城市围合度，从而对该城市的通风情况进行分析。将其指标提取在平面坐标上绘制城市围合度图，并与城市风玫瑰图对比分析时，就可以在一定程度上预测和评价城市通风情况。围合度越大，越能影响城市通风，反之则对通风的影响越小。同时在盛行风方向，围合度越大，表示该方向的封闭度越大，会阻碍盛行风的流通，降低城市该方位的通风能力。

基于该方法，一些学者对伦敦市 7 月和 1 月的通风情况做了分析，并得出伦敦市通风好和差的街区 [74]。该方法利用简化的城市建设指标，可粗略预测城市的通风情况，适用于研究范围大的城市或片区案例。

城市的围合度基于城市构筑物的体量分布得来，而构筑物的体量分布受到控规的直接影响。在控规要求下，城市每一块用地的用地性质和建设开发的量都做了具体规定。例如城市广场形成的空间体现了城市围合度的“多孔性”，而建筑密集区则体现了城市围合度的“封闭度”。而对于有建筑的地块，建筑密度、容积率、建筑高度指标的不同，会造成“封闭度”的不同，从而获得不同的城市围合度数据，因此城市围合度与控规指标之间存在一定的关系。在控规阶段，根据控制指标可在一定程度上判断城市的围合度情况，从而评价控规方案的风环境情况。

目前采用城市围合度理论分析城市通风的研究有以下不足。首先，在 Steemers 提出该理论方法后，目前利用该方法分析城市通风的研究案例还很少。其中一个重要原因是围合度指标提取方法比较繁杂，且均为二维数据采集，设计师无法结合实际城市三维模型直观地体会城市围合度指标与城市设计的关系。其次由于围合度指标提取复杂，已有的研究往往只讨论城市整体围合度和通风情况，没有对城市内部片区进行讨论，因此无法了解城市不同用地性质的通风差别。再次，目前采用城市围合度方法进行城市通风的研究对象都是已建成区域，尚未对设计中的规划方案进行研究，因此也无法将分析结果和优化建议应用到城市规划设计中。

4.1.2 控规风环境评价思路与方法

基于城市围合度分析城市通风的方法提出了很长时间，但其研究并未被深入下去。若能简化围合度指标的提取方法，且将城市围合度与城市三维可视化进行结合，可大大提升设计师对围合度的理解，一定程度上推广城市围合度理论方法的应用，辅助城市规划过程中的通风环境优化设计。

参数化规则建模方法则在高效构建精度不高的城市三维模型方面具有极大的优势。在控规层面，城市风环境需与城市整体布局和空间形态有密切关系，因此分析时只需要简单的建筑模型，当分析范围足够大的时候，模型的细节可以忽略[118]。当建模范围足够大的时候，规则建模快速和灵活的优势可以发挥到极致，因此规则建模恰巧能为城市风环境分析提供简单的基础模型。

综上所述可知，城市快速建模和简化通风分析都有相应的解决方法。通过城市围合度分析通风情况需要简单的城市体块模型作为分析对象，这恰巧是 CE 规则建模所擅长的地方，但是目前还没有先例将两者结合起来。若能将两种方法进行结合，一定程度上可以实现在规划阶段快速评价城市通风环境的目的。

故本章将 CE 规则快速建模方法与城市围合度理论进行结合，根据控规指标利用规则建模方法构建控规方案三维城市模型，再以该模型为基础提取反映城市围合度的指标，并绘制城市围合度图，利用该图分析城市和各片区的通风情况以及两者之间的关系，对城市风环境提出可能性预测和优化建议。

本章的研究流程包括四个步骤（图 4–1）。

步骤一：确定基于围合度的城市通风分析方法需要构建的三维模型要求，选取与该方法相关的控规控制指标。

步骤二：根据控规相关指标，采用规则建模快速建立控规方案的城市三维模型，并以色彩区分不同的片区。

步骤三：以规则建模方法完成的控规三维模型为对象，截取不同方向的城市剖面，并提取城市围合度数据。

步骤四：将城市围合度数据绘制成图，并与城市风玫瑰图进行叠加。

围合度反映了城市障碍物面积大小，与城市风玫瑰形状呈一种负相关：围合度越大，越能影响城市通风，反之则对通风的影响越小。同时围合度与风玫瑰方向也呈负相关：在盛行风方向，围合度越大，表示该方向的封闭度越大，会阻碍盛行风的流通。由此分析整个城市和各个区域的通风情况，并从控规方案出发提出通风环境优化建议。

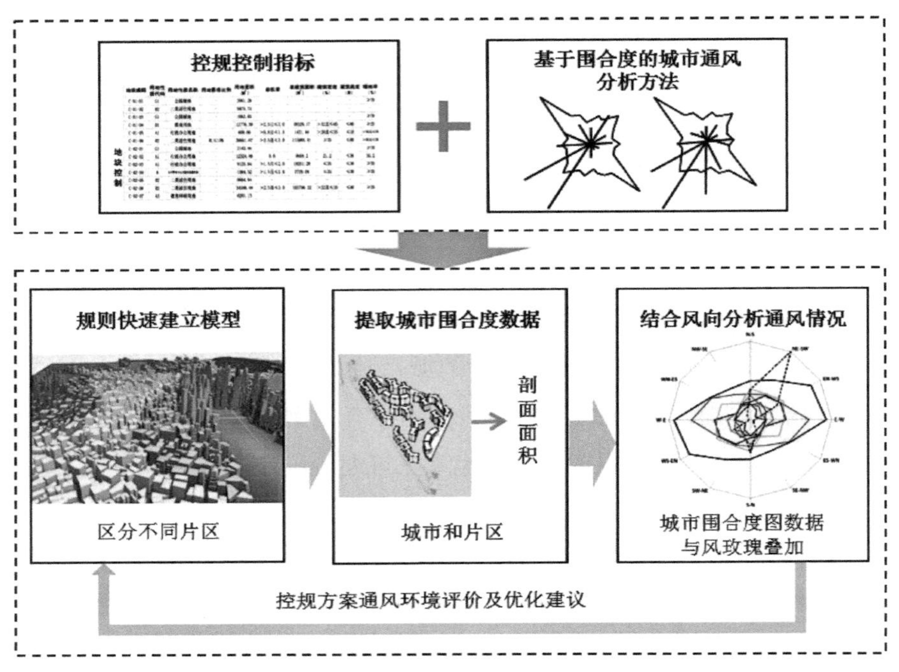

图 4-1　研究流程（彩图详见附录）

需要指出的是，本研究基于 Steemers 的研究，但是有所改进，主要有三点：第一，本研究不仅可以评价已建成城市的通风环境，还可以评价规划方案，特别是有定量指标的控规方案。第二，利用规则建模方式建立三维模型，将二维的围合度指标与三维的城市模型结合，展示方法直观便捷，有利于设计师理解和修改方案。第三，本研究不仅对城市整体进行围合度分析，同时为了更好地了解城市内部各个片区的通风状况及其相互影响，还对不同用地性质的片区也进行了围合度分析。

由于城市中障碍物主要是建筑，因此本研究选取城市建筑物的面积作为指标来分析城市围合特性。事实上，构筑物剖面的高度和面积均可一定程度上反映障碍物阻碍通风的能力。但是建筑高度偏向从垂直面反映通风情况，建筑面积偏向从水平面反映通风情况。对于城市剖面而言，水平方向的距离比垂直方向的距离大得多，因此面积指标更能体现城市剖面“封闭”和“间隙”的特点。

截取方法是以城市和各个片区的中心点为极坐标原点，形成通过该中心点若干个不同方位的城市剖面，通过平行移动每个方位的剖面，得到一组纵剖面图，然后旋转垂直面，绘制不同方向上一系列的剖面图。通常每组截取的剖面越多，绘制的城市围合度图越精确。截取的方向应该与城市风玫瑰图的方向一致。算出每个方向多组截取面积的平均值，并作为该方向的建筑面积指标。

把各个方向的面积指标表示在极坐标图上，绘制城市围合度图。当与城市风玫瑰图叠加后会在极坐标上有两个围合圈，分别为城市风玫瑰曲线（反映城市各个方向的风速和频率）、城市障碍物面积（反映城市各个方向建筑物密集程度和空隙情况）。

剖面面积数据的提取是在 SU（Sketch Up，一款交互式三维建模软件）中完成的。由于目前 CE 软件还没有剖面面积提取功能，因此本研究借助 SU 软件提取剖面面积。将在 CE 中完成的控规方案三维模型导入 SU 环境中，利用【剖切】功能，可以直接提取剖面的面积数据。

4.2　风环境分析三维模型要求及控制指标选取

4.2.1　控规三维模型要求

城市三维模型的精度与研究范围的尺度有关。本研究着眼于分析大尺度城市通风状况，这里的大尺度是指面积在数平方千米的区域。在该尺度下阻碍城市通风的障碍物主要为城市建筑物和大体量的自然构建物（例如山体和大面积树林）[119]。而体量不大且分散的城市构筑物，例如城市内部分散的植物、市政设置和建筑小品可以忽略。因此本研究对 3D 模型的要求为：第一，只需要展示对城市封闭度有重要影响的障碍物及其围合的空地。第二，由于研究范围尺度大，对建筑的要求为体块式，能完整展现建筑体积即可。第三，3D 模型需要清楚明了地展现城市不同片区，方便提取各个片区的围合度指标。

控规方案通风分析的三维模型建模要素及细节层次　　表 4-1

模型类型	细节层次	描述要求	表现形式
地形模型	LOD2 DEM + DOM + 构筑物基底	反映地形起伏特征和地表纹理图案	
建筑模型	LOD1 体块模型	体块模型应根据城市不同建筑性质的平均基底面积生成体块，同时满足控规规定性指标（建筑密度、高度和容积率）的要求	

基于以上要求，同时结合本书第 3 章对控规三维模型的属性研究，确定在采用基于围合度的城市通风方法分析控规通风环境时，控规三维模型需要构建的建模要素为地形模型和建筑模型，其中地形模型的模型细节层次为 LOD2，建筑模型的模型细节层次为 LOD1，如表 4-1 所示。本研究采用规则建模软件 CE 作为建模工具。基于上述建模需求，CE 可快速生成规划方案的城市三维模型，也可根据分析结果和改造意见，快速修改三维模型。

4.2.2　控规控制指标选取

对控规控制指标进行选取的目的是为规则构建控规三维模型提供依据。控制指标的选取原则是选取对城市围合度有影响的指标，从而建立控规指标与城市通风之间的关系。

从“封闭度”影响城市围合度的建设要素主要为有一定体量的山体和城市构筑物，其中山体为自然构筑物，控规的控制指标对山体体量的影响不大。而建筑为城市开发建设的构筑物，控规对其体量做了定量和定界的规定，具体的控制指标包括容积率、建筑密度、建筑限高。在这三个指标下，每个地块的建筑开发体量受到控制，并形成基本雏形。依据城市已有建筑布局形式和这三个指标，规则建模方法可构建具体的建筑三维模型。

从“多孔性”影响城市围合度主要指三维实体之间的空隙，例如道路、广场等。而这与城市的用地性质有密切关系。因此控规对地块的使用性质规定也是影响城市围合度的一个重要指标。

4.3 规则建模构建

为了研究规则建模方法如何与基于城市围合度的通风方法结合辅助控规进行通风环境分析，本研究选取 L 城为案例进行研究。近年来，随着控规全覆盖的推进，L 城的各个片区也积极推进了控规编制工作。本研究以 L 城为研究范围，结合各个片区的控规对整个 L 城进行 CE 规则建模，以对整个城市通风和各个片区的通风进行分析。

4.3.1 研究对象介绍

研究对象 L 城位于广西壮族自治区桂北地区（图 4–2），其周边多山，山体一般是小体量山丘，主要分布在西北部和东南部。自然山体的围合以及 L 城的地理位置，使得该城市季风明显，冬季多为偏北风，夏季以偏南风为主，年平均风速为 2.2～2.7m/s。L 城处于夏热冬冷地带，最冷月平均气温为 5～10℃，最热月平均温度为 25～33℃。荔江贯穿整座城市，将城市分为南北两部分。目前 L 城区建设主要集中在江北区，江南区多为零散建筑，用地松散。该城市以木材加工为主，木材经济占到整个城市 GDP 的 28% 左右[120]。

图 4–2　研究案例的城市设计布局

随着城市经济的快速发展和人口的增多，L 城需要增加建设用地，特别是与木材相关的金融商贸、仓储物流和工业用地。L 城的总规和控规完善了江北城市建设用地，同时整合和拓展了江南城市建设用地。基于 L 城的总规和各个片区的控规，该城政府组织做了相应的城市设计方案，用以指导城市建设，协调各城市用地之间的关系，提高城市居住空间舒适度。该城市设计以二维平面展示为主，配以三维效果图，但并没有建立实际三维模型（图 4–2）。

建模的范围包括 L 城中心，规划范围 5.38km^2。在控规配套的城市设计方案中，基于不同的用地性质和地理位置为依据，将规划范围分为七大片区（图 4–3）。各个片区分别为：工业物流区（a），江北综合组团（b），江北居住区（c），老城区（d），江南商贸综合区（e），江南文化综合区（f），江南行政综合区（g）。依据各个片区的建设要求，七大片区的建设信息见表 4–2。需要说明的是，每个片区都以某一项主要功能为主，但也包括其他用地性质，均为混合用地。例如工业物流区以工业生产和运输为主，地块内有大面积的工业和仓储用地，但也有居住、商业、公共服务等其他性质的用地。

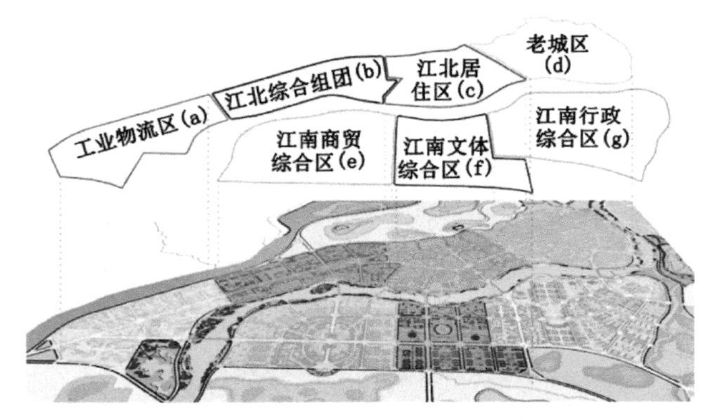

图 4–3　L 城的城市功能分区（彩图详见附录）

L 城城市设计的各个片区建设信息　　表 4–2

地块	描述	建筑密度（%）	建筑限高（m）	容积率
（a）工业物流区	紧邻高速公路，以工业加工、物流及配套居住和服务用地为主	30 ≤	40 ≤	0.8 ≤
（b）江北综合组团	江北的综合服务用地，具有居住、金融、办公、娱乐用地	32 ≤	80 ≤	3 ≤

续表

地块	描述	建筑密度（%）	建筑限高（m）	容积率
（c）江北居住区	新开发建设用地，以文体教育为主，居住、休闲娱乐为辅	28.5 ≤	50 ≤	2 ≤
（d）老城区	该城历史最悠久的城市建设用地，以老街区和老建筑景观为主	38 ≤	24 ≤	1 ≤
（e）江南商贸综合区	以金融和商贸用地为主，是未来城市金融商贸中心，配套相应的服务用地	34 ≤	100 ≤	4.0 ≤
（f）江南文体综合区	城市行政中心，以行政办公和居住为主	32 ≤	40 ≤	1.5 ≤
（g）江南行政综合区	新开发建设用地，以金融、办公服务居住为主	36 ≤	60 ≤	2.0 ≤

基于 L 城的城市特色和建模面积，本案例对 3D 模型的要求是：3D 模型需要展示城市山体和建筑，建筑以体块式展示即可，对建筑细节不做要求；城市设计方案确定了建筑基底布局和大小，对建筑密度、建筑容积率和建筑高度做了上限要求，因此构建的 L 城三维城市模型需要符合控制指标相关要求；3D 模型还需要区分七大功能片区，以方便后期对每个片区进行单独分析。

4.3.2　构建地形模型

3D 模型的建立首先需要建立城市的地形模型。本案例中，地形模型主要包括高低起伏的地形模型，以及建筑基底的 Shape 数据。

首先构建规划范围内的地形模型。通过水经注软件从 Google 地图数据中获取规划范围的数字高程数据（DEM）。DEM 网格单元尺寸为 30m × 30m。由于 L 城编制了城市设计，并依据实际地形地貌对城市基地的纹理样式做了二维表达。故本方案以城市设计底图代替影像数据来表现地形模型的纹理图案。在 CE 软件中导入获取的数字高程数据生成 L 城地形，并叠加城市设计底图，可获得规划范围内的基础地形模型。由于规划范围内有很多自然山体，为了让山体地形表现更加逼真，在本方案地形构建中利用灰度高度图加强了山体的三维空间表现，使山体更加平滑接近真实场景。图 4–4 为在 CE 中建立的 L 城山体。

其次需要在地形模型上叠加表现建筑底面积形状的 Shape 数据。通常来说，既有建筑的 Shape 数据可通过 Google 地图获取，而缺失的既有建筑 Shape 数据以及规划中的 Shape 数据可利用本书第 3 章提到的规则语言直接构建建筑三维模型。在本案例研究中，由于 L 城的城市设计已经对规划范围内的建筑（包括建成建筑和规划建筑）的基底做了二维轮廓表达，因此可直接利用该设计作为建筑基底 Shape 数据。在该城市设计中，既有建筑是依据现状勘测地形的 dxf 格式数据描绘的建筑基底形状；规划建筑是根据地块形状，考虑了延续城市肌理而设计的建筑基底，并保证满足控规对每个地块的建筑密度的要求。将城市设计的建筑基底 dxf 数据导入 CE 中，并做冗余数据处理，即完成城市基底数据的准备图，如图 4–5 所示。完成的地形与城市基底会有落差冲突，因此对建筑基底数据和地形做形契合处理，如图 4–6 所示。该地形模型将规划范围内的自然山体较为真实地进行了三维表达，并与建筑基底进行无缝契合；建筑基底满足控规对各个地块的建筑密度要求，因此只需在后续的规则编辑中对建筑高度做规定性描述，即可使最后完成的三维建筑模型在建筑密度、容积率和建筑高度指标上均满足控规要求。

图 4–4　L 城的山地地形构建（彩图详见附录）

图 4–5　L 城的建筑基底面积数据

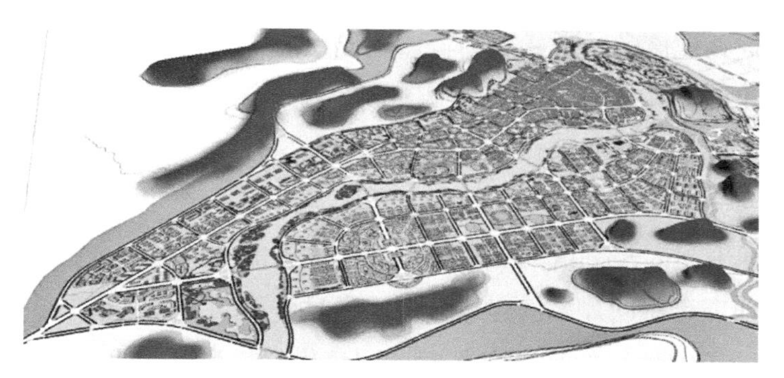

图 4-6　L 城的三维地形与二维建筑基底结合（彩图详见附录）

4.3.3　构建建筑模型

4.3.3.1　建筑建模信息设置

城市设计方案中已经确定了建筑二维基底，基于控规的容积率和建筑高度指标，可构建建筑三维模型。控规对建筑容积率和建筑高度做了上限规定，但并未对每一栋建筑做具体高度限制。为了使 L 城 3D 模型更加合理，本研究对不同片区的建筑高度在控规要求范围内做了不同的设置。

现有建筑的三维模型需要表现建筑的实际高度。现有建筑集中在老城区及江北居住区，老城区现有建筑高度基本低于 12m，其他区域的现有建筑基本低于 28m。由于现状建筑基底带有建筑高度属性，利用 CE 的规则语言挂接高度属性可直接生成与实际建筑高度一致的建筑三维模型。

规划建筑在满足控规的建筑高度和容积率指标上限要求的条件下进行合理的高度设置。根据控规和城市设计的引导性要求，具体设置如下：

（1）对于老城区和江北综合区与现有建筑衔接的建筑，建筑高度由衔接处逐渐由低到高。实现新建建筑高度与已有建筑合理衔接，延续城市风貌。

（2）临山和滨江建筑高度由城市向自然临界逐渐降低，保护自然山体和滨江景观，同时以防建筑过高阻挡水陆风和山谷风。

（3）对江南商贸综合区、江南文体综合区、江南行政综合区而言，面积大的建筑一般集中在中心区域，因此建筑高度由建筑面积大到建筑面积小逐渐变低。

（4）工业物流区的建筑一般为低矮仓储用地，因此其建筑高度在控规高度限制范围内随机生成。

（5）城市设计对江北综合组团和江南商贸综合区进行了核心区和非核心区的用地功能划分。

本案例研究是对规划区内的总体和各个片区的通风环境分析，为了在三维模型中清楚地展示不同片区的建筑，可以通过对不同用地性质的建筑进行色彩区分。将不同用地性质的片区在平面上用色彩做出区分（工业物流区为白色，江北综合组团为红色，江北居住区为玫红色，老城区为绿色，江南商贸综合区为浅蓝色，江南文体综合区为深蓝色，江南行政综合区为黄色）。为了方便 CE 规则语言描述，将建筑高度的设置和对片区色彩的要求整理为表格，色彩以 RGB 代码表示，如表 4–3 所示。

建筑高度和色彩信息设置 表 4–3

<table>
<tr><th rowspan="2">地块</th><th colspan="3">建筑高度</th><th rowspan="2">色彩</th></tr>
<tr><th colspan="2">面积 A（m^2）</th><th>高度 H（m）</th></tr>
<tr><td rowspan="4">（a）工业物流区</td><td colspan="2">$A \leqslant 600$</td><td>12</td><td rowspan="4">白色
（255,255,255）</td></tr>
<tr><td colspan="2">$600 < A \leqslant 1500$</td><td>28</td></tr>
<tr><td colspan="2">$1500 < A \leqslant 3000$</td><td>40</td></tr>
<tr><td colspan="2">$3000 < A$</td><td>8</td></tr>
<tr><td rowspan="8">（b）江北综合组团</td><td rowspan="8">$A \leqslant 400$
$400 < A \leqslant 1000$
$1000 < A \leqslant 3500$
$3500 < A$</td><td rowspan="4">核心区</td><td>24</td><td rowspan="8">红色
（255,0,0）</td></tr>
<tr><td>48</td></tr>
<tr><td>80</td></tr>
<tr><td>120</td></tr>
<tr><td rowspan="4">非核心区</td><td>24</td></tr>
<tr><td>48</td></tr>
<tr><td>60</td></tr>
<tr><td>80</td></tr>
<tr><td rowspan="5">（c）江北居住区</td><td colspan="2">$A \leqslant 400$</td><td>24</td><td rowspan="5">枚红色
（255,0,255）</td></tr>
<tr><td colspan="2">$400 < A \leqslant 800$</td><td>32</td></tr>
<tr><td colspan="2">$800 < A \leqslant 2000$</td><td>48</td></tr>
<tr><td colspan="2">$2000 < A \leqslant 3000$</td><td>60</td></tr>
<tr><td colspan="2">$3000 < A$</td><td>80</td></tr>
</table>

续表

<table>
<tr><th rowspan="2">地块</th><th colspan="3">建筑高度</th><th rowspan="2">色彩</th></tr>
<tr><th colspan="2">面积 A（m^2）</th><th>高度 H（m）</th></tr>
<tr><td rowspan="2">（d）老城区</td><td colspan="2">$A \leqslant 200$</td><td>$\leqslant 12$</td><td rowspan="2">绿色
（0,255,0）</td></tr>
<tr><td colspan="2">$200 < A$</td><td>$\leqslant 28$</td></tr>
<tr><td rowspan="10">（e）江南商贸综合区</td><td rowspan="10">$A \leqslant 400$
$400 < A \leqslant 1000$
$1000 < A \leqslant 2500$
$2500 < A \leqslant 3500$
$3500 < A$</td><td rowspan="5">核心区</td><td>32</td><td rowspan="10">浅蓝
（0,191,255）</td></tr>
<tr><td>48</td></tr>
<tr><td>60</td></tr>
<tr><td>100</td></tr>
<tr><td>120</td></tr>
<tr><td rowspan="5">非核心区</td><td>24</td></tr>
<tr><td>48</td></tr>
<tr><td>60</td></tr>
<tr><td>80</td></tr>
<tr><td>36</td></tr>
<tr><td rowspan="5">（f）江南文体综合区</td><td colspan="2">$A \leqslant 400$</td><td>24</td><td rowspan="5">深蓝
（0,0,255）</td></tr>
<tr><td colspan="2">$400 < A \leqslant 600$</td><td>48</td></tr>
<tr><td colspan="2">$600 < A \leqslant 1000$</td><td>60</td></tr>
<tr><td colspan="2">$1000 < A \leqslant 1500$</td><td>68</td></tr>
<tr><td colspan="2">$1500 < A$</td><td>36</td></tr>
<tr><td rowspan="5">（g）江南行政综合区</td><td colspan="2">$A \leqslant 400$</td><td>24</td><td rowspan="5">黄色
（255,255,0）</td></tr>
<tr><td colspan="2">$400 < A \leqslant 1000$</td><td>48</td></tr>
<tr><td colspan="2">$1000 < A \leqslant 2500$</td><td>60</td></tr>
<tr><td colspan="2">$2500 < A \leqslant 3500$</td><td>70</td></tr>
<tr><td colspan="2">$3500 < A$</td><td>96</td></tr>
<tr><td>（h）山体与河边</td><td colspan="2">—</td><td>18</td><td>—</td></tr>
</table>

4.3.3.2 规则构建建筑三维模型

利用 CGA 语言分别对工业物流区、江北综合组团核心区与非核心区、江北居住区、老城区、江南商贸综合区、江南文体综合区、江南行政综合区的建筑高度和色彩进行描述。完成的规则赋予到对应的地块上，整个城市的建筑体块将批量和快速完成，每个片区的建筑都有不同的色彩表示，简洁明了地划分了不同片区的范围。最后对生成的 3D 建筑模型进行手动微调，完成建筑三维模型构建的基本工作，如图 4–7 所示。

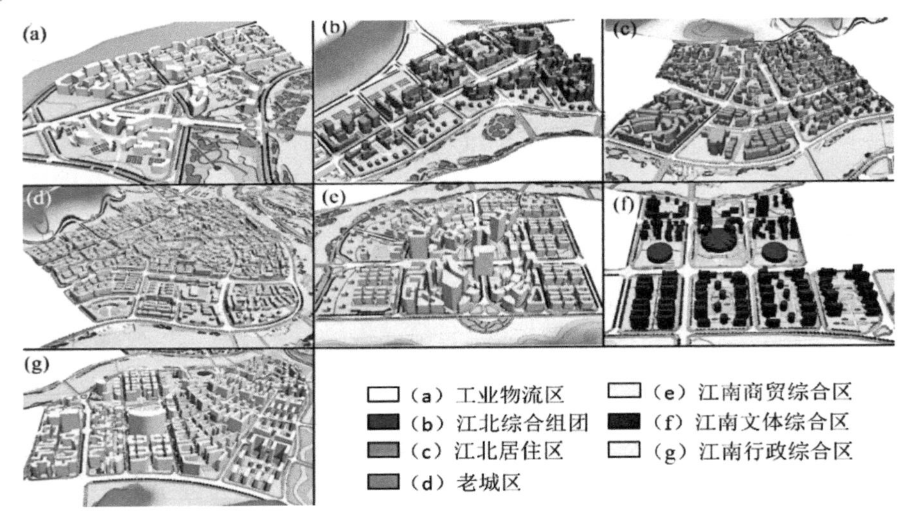

图 4–7　各个片区建设模型上色示意（彩图详见附录）

对于滨江和临山建筑，要求临界建筑高度不超过 18m，同时建筑高度由城市向山体和河流方向逐渐降低。本研究利用 CE 规则建模中的高度映射功能对临山与滨江建筑高度进行批量调整。通过在 CE 模型中叠加建筑高度映射图层并进行关联设置，可以批量对建筑高度进行过渡调整。图 4–8 展示通过叠加高度映射图获得滨河和临山建筑高度的过渡效果。CE 中的高度映射图原理是通过色彩控制建筑高度，红色表达建筑高度高的区域，黑色表达建筑高度低的区域，红色至黑色的过渡代表建筑由高至低的地区。对规划区内的沿河和临山建筑所在区域设置为红色，城市其他区域设置为黑色。在 CE 中将该图叠加到建筑模型中，并将建筑高度与该图层进行关联设置，则可批量对建筑高度进行调整。

将建完的建筑三维模型与完整的地形模型进行组合，并做建筑贴地设置，得到与地形模型契合的建筑三维模型，如图 4–9 所示。

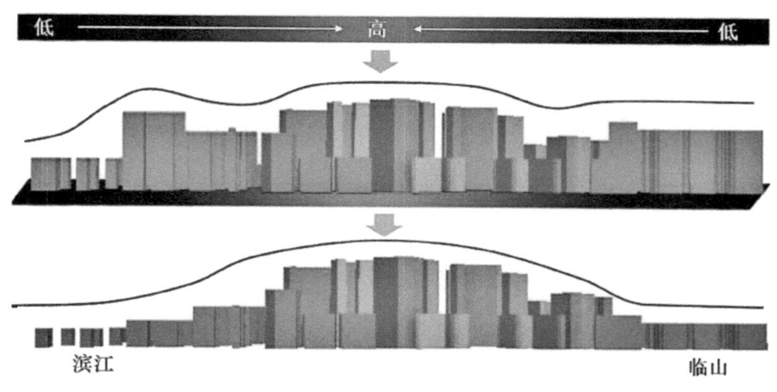

图 4-8　高度映射图批量修改建筑高度（彩图详见附录）

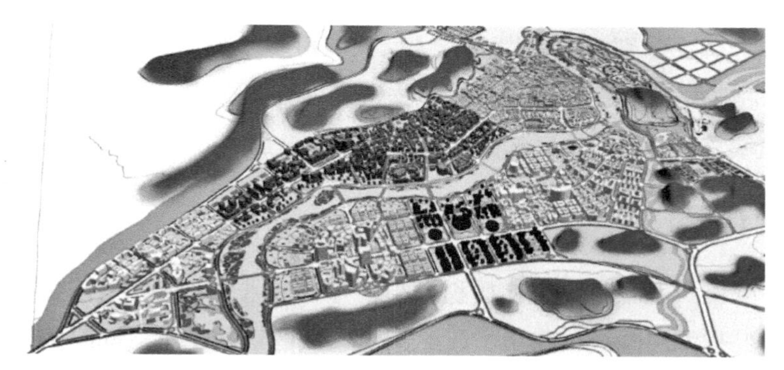

图 4-9　各个片区建设模型上色示意（彩图详见附录）

4.4　控规方案风环境分析及优化建议

4.4.1　绘制围合度图

绘制 L 城围合度图首先需要提取障碍物面积，通过规则构建的城市三维模型为提取障碍物面积提供了模型基础。城市障碍物面积具体提取方法是将在 CE 中完成的城市 3D 模型导入 SU 中，然后以 L 城七大片区的城市中心点为极坐标原点，通过该中心点绘制城市剖面。剖切方向与该城市风玫瑰表示的方向一致，为 12 个方位，分别标记为正北（N）、北偏东 30°（NE）、东偏北 30°（EN）、正东（E）、东偏南 30°（ES）、南偏东 30°（SE）、正南（S）、南偏西 30°（SW）、西偏南 30°（WS）、正西（W）、西偏北 30°（WN）、北偏西 30°（NW）。其中 N–S 与 S–N 为同一城市剖面方向，其他方位组合也是如此。

以 200m 间隔为单位，平行移动每个方位的剖面，每个方向可得到若干剖面。在 SU 中，每组剖面面积数据可直接提取。由于每个片区的建筑三维模型色彩不同，因此可以容易区分不同片区范围，方便提取不同区域的剖面数据。

将城市和各个片区每个方向的剖面面积的平均值表示在极坐标图，即可制作完成城市围合度图，将围合度图与 L 城风玫瑰图进行叠加，可在极坐标上形成两个围合圈，分别为城市风玫瑰（反映城市各个方向的风速和频率）、城市障碍物面积（反映城市各个方向建筑物密集程度和空隙分布情况）。图 4–10 所示即为 L 城总体和各个片区的围合度与风玫瑰叠加图。

4.4.2 风环境分析

围合度反映了城市障碍物面积大小，与城市风玫瑰形状呈一种负相关：围合度越大，越能影响城市通风，反之则对通风的影响越小。同时围合度与风玫瑰方向也呈负相关：在盛行风方向，围合度越大，表示该方向的封闭度越大，会阻碍夏季盛行风的流通，降低城市该方位的通风能力。

首先分析城市整体的围合度和通风情况。L 城整体的围合度图与城市形态有很强的联系，在 E–W 和 EN–WS 方向围合度最大，最大平均值为 2800m^2；在 NW–SE 和 WN–ES 方向围合度小，最小平均值为 1400m^2；而在 NE–SW 和 N–S 方向围合度适中。从 L 城风玫瑰图来看，L 城夏季的主导风为 NE–SW 方向，冬季主导风为 S–N 方向；E–W 方向无论是夏季还是冬季，均为最小风频率方向。结合围合度图和风玫瑰来看，夏季 L 城在 NE–SW 和 NW–SE 方向的通风情况将优于其他方向的通风情况，但在次要频率 EN–WS 方向的城市通风效果将有所影响。在冬季，L 城 S–N 方向的城市用地，特别是道路会频繁地受冷风影响；其次在 NE–SW 方向也将较为频繁地受冬季风影响；而 EN–WS 和 E–W 方向的冬季将受到最小影响。

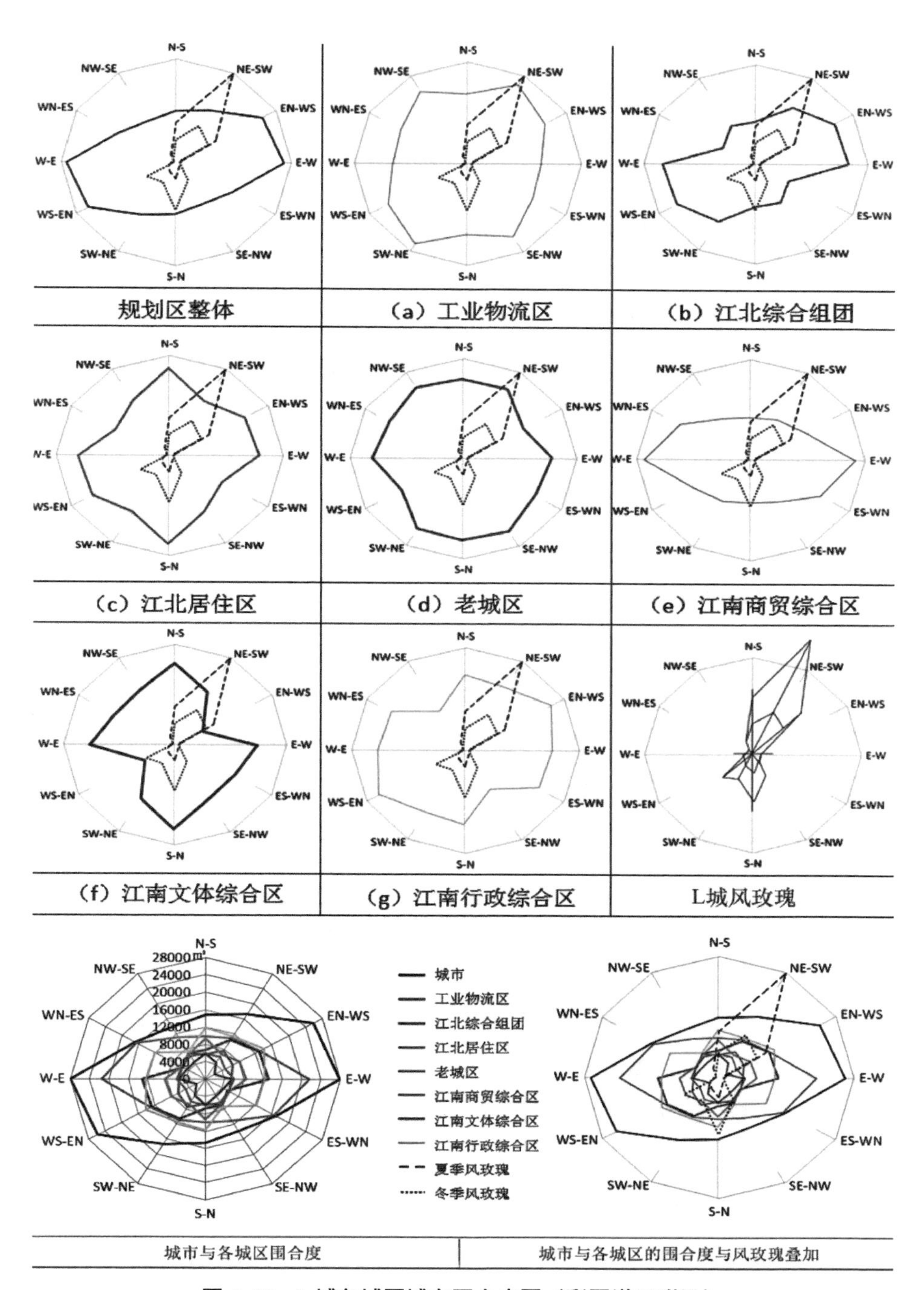

图 4-10　L 城各城区城市围合度图（彩图详见附录）

对于片区而言，围合度从大到小依次为江南商贸综合区、江南行政综合区、江北综合组团、江北居住区、工业物流区、老城区、江南文体综合区，围合度大小顺序与片区的建筑高度和容积率大致成正比关系。依次对各个片区分析如下：

江南商贸综合区的围合度图较为鲜明地呈现在 W–E 和 WN–ES 方向大、在 N–S 和 NE–SW 方向小的状态。因此在夏季，NE–SW 方向的通风较优；但是在冬季，S–N 方向和 NE–SW 方向将受到较大的冬季风影响。江南商贸区的围合度最大，与其作为行政中心、建筑密度大、建筑体量大有密切的关系。

江南行政综合区的围合度图在 NW–SE 方向围合度最小，其他方向较为平均，其建筑布局对冬夏主导风影响均不大。

江北综合组团的围合度形状与该片区形态相似，也与城市整体通风情况相似，呈现在 E–W 和 NE–WS 方向障碍物面积最大，在 WN–ES 方向最小。因此在夏季，NE–SW 方向城市通风将明显优于其他方向，但是在 E–W 方向通风将最差。冬季在 S–N 方向将频繁地受冬季风影响，特别是对于道路和空地。

江北居住区的围合度图与江北综合组团有相似之处：在夏季主导风 NE–SW 方向围合度较小，片区建筑布局避免对夏季通风过多的影响。在冬季主导风 S–N 方向围合度较大，片区建筑布局可一定程度上受冬季寒风影响。

工业物流区的围合度比较均匀，围合度图并未在某个方向特别突出，只在 NE–SW 方向与风玫瑰图契合。因此，夏季在主导风 NE–SW 方向将受到建筑物阻碍，通风受到阻碍。在冬季，SN 方向对冷风的影响不大。由于各个方向障碍物面积大小相差不大，因此对于工业区，在同一季节各个方向通风不会有显著差异。对于江北居住区而言，老城区的围合度分布与工业物流区相似，各个方向比较均匀。由于整体围合度小，所以无论是冬季还是夏季，对通风的影响都不大，这与老城区容积率低的性质有关。

江南文体综合区的围合度图反映出一种比较理想的分布：其围合度在夏季主导风 NE–WS 方向较小，因此在夏季对主导风的影响不大。其围合度在 S–N 方向最大，刚好可以减小冬季寒风的影响。

通过上述分析，可得以下结论：（1）虽然 L 城控规和城市设计避免了在夏季主导风正方向（NE–SW）上进行大量的城市建设，但是在邻近方向（EN–WS）存在一定的挡风作用；冬季城市的 S–N 方向将受到寒风频繁影响。（2）对于各个片区而言，在夏季，江南商贸综合区与江南文体综合区的通风情况将优于其他片区的通风情况；在冬季，江南文体综合区、老城区、江北居住区、江南行政综合区建筑布局有利于降低冬季寒风影响。（3）城市围合度图的形状除了与建筑密度、容积率相关外，还与分析对象的形态有很大关系，特别是对于方向性明显的布局形态。总而言之，对于 L 城区，其各个片区控规和城市设计均还有改善城市通风环境的余地。

4.4.3　控规优化建议

L 城位于夏热冬冷地区，其在夏季需要有良好的通风以降低城市温度和带走工业污染；在冬季需要减少冬季主导风的影响。若 L 城围合度图在夏季与风玫瑰主导方向背离，在冬季与主导风方向契合将是一种比较理想的模型。这表示在夏季，城市障碍物对主导风影响最小，可促进城市通风，带走工业废气；在冬季，城市将避免频繁的寒风影响。但是由于城市周边山体环绕，因此 L 城市区布局将受到地理环境的制约，控规城市设计面临的挑战将大于一般平原城市。建议在尊重地理环境、不做大改动城市设计的同时，通过改进建筑建设的环境容量、优化道路布局、优化绿地布局等手法，提高城市通风能力。具体提出以下建议：

（1）优化建筑体量指标：针对 L 城各个片区的围合度情况，对城市盛行风方向围合度高的方向的地块降低建筑体量。可从降低建筑高度、容积率和建筑密度方面做一定的降低设计，实现一定程度上改变围合度，降低对夏季风的阻碍影响和提高对冬季风的阻碍影响。对于新建用地，建筑布局方向可以做调动，因此建议对夏季通风差的江北综合组团和工业物流区的建筑布局尽量避免与夏季主导风垂直的 WS–WN 方向。而对于冬季容易受寒风影响的江北综合组团和工业物流区的建筑布局则可尽量为 S–N 方向，应与冬季主导风垂直以阻挡寒风。

（2）优化城市道路朝向：对夏季通风有较强影响的用地，应该通过道路布局加强对主导风引导，提高夏季风的流动性。对于被冬季风频繁影响的用地，应该避免城市主要道路与冬季主导风平行。因此，L 城 NE–SW 方向用地，即老城区片区的道路应尽量与夏季主导风 NE–SW 平行方向，以引导夏季风的流动。而 S–N 方向用地，即江南商贸区、江南文体综合和工业物流区城市的主要城市道路应尽量避免 S–N 方向。

（3）合理布置绿地和休闲空地：树木密集的绿地会阻挡城市通风，应避免布置在夏季主导风 NE–WS 方向，可布置在城市冬季风主导风 S–N 方向；而休闲空地对城市通风没有影响，且对舒适度要求高，应避免布置在冬季主导风 S–N 方向，可布置在夏季主导风 NE–WS 方向。

4.5 本章小结

传统分析城市通风的数值模拟方法存在耗时长、计算繁杂、需要较高专业技能等问题，因此一般规划设计人员需要一种快速便捷评价城市通风环境的方法，以及一种快速的建模方法为分析风环境提供数据基础。本研究将城市围合度理论与规则建模结合，充分发挥了规则建模的特性，也弥补了围合度指标提取烦琐和不直观的问题。通过两种方法的结合，提出了一种易操作的判断城市通风效果的方法，它可以辅助规划师结合三维模型理解和修改规划方案。此外，通过分析研究也发现，若规则建模软件 CE 能集成剖面面积提取功能，将减少导入 SU 模型的提取围合度数据工作量，使基于规则建模的控规城市通风分析方法更加便捷。

以 L 城为案例进行研究发现，该城市控规和城市设计方案在夏季主导风向的邻近方向存在一定的阻碍作用，在冬季主导风方向的城区将受到寒风频繁的影响。江南商贸综合区与江南文体综合区的夏季通风情况将优于其他片区通风情况，同时江南文体综合区、老城区、江北居住区、江南行政综合区的城市布局有利于降低冬季寒风影响。分析结果表明，城市围合度图的形状除了与建筑密度、容积率相关外，还与分析对象的形态有很大关系，特别是对方向性明显的布局形态更加显著。该城市各个片区的控规还有改善的余地以提高城市通风能力。本研究在尊重当地地理环境、不做大改动城市设计的基础上，提出可从改进建筑建设的环境容量、优化道路布局、优化绿地布局的角度优化城市通风环境的建议。

本研究提出的通风情况分析方法特别适用于评价和优化城市控规初期方案，以及设计范围大的规划方案的风环境分析。

第 5 章　规则建模辅助评价控规方案热环境

在上一章中讨论了如何利用规则构建的控规方案三维模型辅助分析城市通风环境，本章将继续讨论如何利用该三维模型和规则建模方法辅助分析控规热环境。根据文献综述可知，控规指标与城市热环境之间存在定量关系，若能将该定量关系融入规则语言中，则可实现在获得控规三维模型的同时评价方案的热环境情况。然而目前尚未有研究将控制指标与城市热环境的定量关系总结出来。

因此本章首先构建基于要素叠加的热环境评价方法，以获得控制指标与热环境评价指标的数学模型。分析影响城市热环境形成的主要城市建设要素，并根据热环境评价指标—城市热岛潜在强度（Heat Island Potential，以下简称 *HIP*）的计算原理，推算验证主要城市建设要素对热环境的影响在 *HIP* 指标计算上具有叠加性。*HIP* 计算的叠加性为总结城市建设要素与 *HIP* 日累计值的数学模型提供理论支持。为了获得主要城市建设要素与热环境评价指标的定量关系，本研究对建设要素进行单元地块设计及热环境数值模拟分析。根据对热环境影响的不同，将主要城市建设要素分为实体均质地块及建筑地块。对各种单元地块进行热环境数值模拟，获得每种建设要素单元地块对应的 *HIP* 日累计值。其中为获取建筑单元地块的控制指标与 *HIP* 日累计值的关系，设置 *HIP* 日累计值为因变量，相关控制指标为自变量，利用多元线性回归分析方法获得控制指标与 *HIP* 日累计值的简化计算模型。

最后将获得的数学模型融入规则建模方法中，实现在获得控规方案三维模型的同时可同步评价控规热环境情况。具体可有两种评价方法：（1）通过 CGA 语言将各类用地的热环境计算模型进行描述，并将控规指标做属性链接，在原有三维模型的基础上直接获取控制指标，实现可定量计算控规地块的 *HIP* 日累计值。（2）依据 *HIP* 日累计值在城市中的极限数值范围对其进行等级划

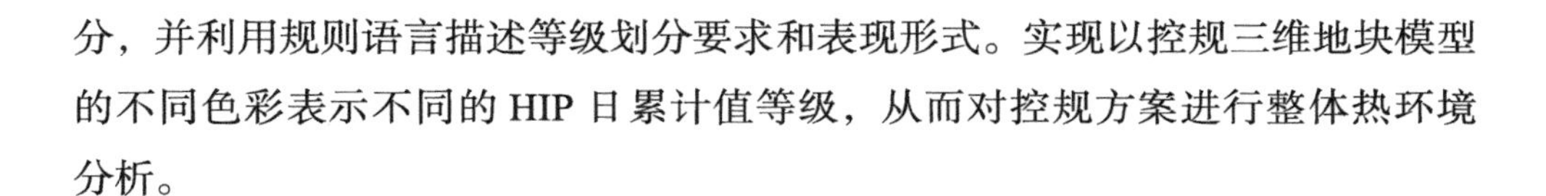
分，并利用规则语言描述等级划分要求和表现形式。实现以控规三维地块模型的不同色彩表示不同的 HIP 日累计值等级，从而对控规方案进行整体热环境分析。

5.1　基于要素叠加的热环境评价方法

5.1.1　城市要素的叠加性

城市热环境的形成和分布受到城市局地区域三维空间布局及下垫面分布的影响。特别是对于控规尺度的局地热环境而言，针对城市片区的热环境影响机制主要是不同城市要素构成的三维空间和下垫面。在 Oke 的研究中，将影响城市热环境的局地环境分为 17 类，分别为密集高层建筑区域、密集中层建筑区域、密集低层建筑区域、开敞的高层建筑区域、开敞的中层建筑区域等[121]。刘琳基于 Oke 的研究，将这些局地气候划分为两类空间：三维要素和二维要素，三维要素主要指有高度的三维构筑物，二维要素主要指均质的城市下垫面材料[122]。

同理，对于控规三维模型来说，每个地块也对应不同的局地气候，例如城市商业用地是建筑密集的建筑区域，低层居住用地是建筑密度低的开敞区域，而绿化用地是均质草地区域，停车用地是均质性透水或不透水区域。而从三维空间来说，也可分为三维要素和二维要素。控规三维模型中，对热环境有影响的三维要素主要包括三维建筑模型、三维自然山体、三维植物等，而二维要素主要包括下垫面材料，例如道路、水体、广场等。无论是二维要素还是三维要素，规则构建的控规三维模型都有对应的控制指标。

大量的实测与热环境数值模拟研究证实了城市局地热环境是多种因素复杂作用的结果[122]。城市热岛效应形成的主要原因是因为城市建设改变了城市原有下垫面性质，导致自然环境（土壤、植被、水体）减少，人工材料（混凝土、铺装材料等）建造的地面、建筑物等增加，改变了城市下垫面吸热和放热的热辐射状况，形成了城市固有的气候。因此可以用热岛效应或热岛效应的评价指标作为评价控规控制指标是否合理的检验条件，促进控规指标制定的科学性。基于上述理由，可以通过对控规方案的三维要素和二维要素的热环境进行评价，获得不同要素与热环境的关系，再进行耦合叠加，从而得到最终热环境评价结果。

5.1.2 热岛潜在强度（*HIP*）的叠加性

实现上述目的的同时，需要选取城市热环境评价指标。一般评价城市热岛效应常用热岛强度（Heat Island Intensity，以下简称 *HII*）作为评价指标。HII 定义为城市区域气温与自然下垫面的郊区气温的差值，一般是特定地点之间的温度差，或者是分析区域平均空气温度与所在地气象站观测气温的差值。

因为 HII 的计算不能简化为各控规指标影响效果的叠加，故本研究采用热岛潜在强度（Heat Island Potential，以下简称 *HIP*）作为控规方案热环境的评价指标[45]。*HIP* 的计算使用了一个基于三维模型的热环境数值模拟软件 TR（Thermo Render）[57]。该软件作为设计辅助工具，可以在设计规划阶段对分析区域的热环境状况进行预测与评价。某日某个时刻 *HIP* 的计算式为：

$$HIP=\frac{\sum_{i=1}^{n}(T_{si}-T_{a})\Delta s}{S} \tag{5-1}$$

式（5-1）中，T_{si} 为分析对象区域的微元表面温度（℃），T_{a} 为气温（该地区气象数据）（℃）；S 为分析对象区域的地面面积（m^2）；Δs 为微元面面积（m^2）；n 为微元面数量。当 *HIP* 为正值时，表示该对象区域内的城市表面向大气放热，促进该区域的热岛效应形成。当 *HIP* 为负值时，表示对象区域内的城市表面向大气吸热，有减弱该区域热岛效应的作用。

HIP 指标具有叠加特性，从以下公式推导该指标的叠加性质。

对于某个地块，其建设要素可分成多个部分：建筑（A）、硬质地面（B）、绿地（C）等不同要素，该地块的 *HIP* 计算公式可写成：

$$HIP=\frac{\sum_{i=1}^{n_A}(T_{Asi}-T_a)\Delta s+\sum_{i=1}^{n_B}(T_{Bsi}-T_a)\Delta s+\sum_{i=1}^{n_C}(T_{Csi}-T_a)\Delta s+\cdots+\sum_{i=1}^{n_Z}(T_{Zsi}-T_a)\Delta s}{S} \tag{5-2}$$

式（5–2）中，T_{Asi}、T_{Bsi}、T_{Csi} 等分别是建设要素 A、B、C 等的微元表面温度；n_A、n_B、n_C 等分别是建设要素 A、B、C 等的微元面数量。

通过设定建设要素 A、B、C 等的占地面积分别为 S_A、S_B、S_C 等，式（5–2）可改写为：

$$HIP=\frac{\frac{S_A\sum_{i=1}^{n_A}(T_{Asi}-T_a)\Delta s}{S_A}+\frac{S_B\sum_{i=1}^{n_B}(T_{Bsi}-T_a)\Delta s}{S_B}+\frac{S_C\sum_{i=1}^{n_C}(T_{Csi}-T_a)\Delta s}{S_C}+\cdots+\frac{S_Z\sum_{i=1}^{n_Z}(T_{Zsi}-T_a)\Delta s}{S_Z}}{S} \tag{5-3}$$

整理式（5–3）可得：

$$HIP=(S_A\cdot HIP_{总}^{A}+S_B\cdot HIP_{总}^{B}+S_C\cdot HIP_{总}^{C}+\cdots+S_Z\cdot HIP_{总}^{D})/S \tag{5-4}$$

由于每种材质用地的面积与总用地的面积之比可用面积比例 D 表述（例如 $D_A=S_A/S$），故式（5–4）可整理为：

$$HIP=D_A\cdot HIP_A+D_B\cdot HIP_B+D_C\cdot HIP_C+\cdots+D_Z\cdot HIP_Z \tag{5-5}$$

由式（5–5）可知，某一地块的 *HIP* 是各建设要素的 *HIP* 加权叠加之和。由于 *HIP* 反映某个时刻的城市潜在热岛强度，不能反映一天的热环境综合效应，且各个时刻的 *HIP* 值较小，作为不同条件下热环境的评价指标不易凸显差异性。故本研究选取 *HIP* 一天 24h 的累计值作为控规方案的热环境评价指标，简称 *HIP* 日累计值，符号为 $HIP_{总}$。*HIP* 日累计值反映一天中这块地对其周围大气加热程度的累积。与 *HIP* 一样，*HIP* 日累计值服从叠加原理，即各个建设要素的 *HIP* 日累计值叠加可获得模拟地块的 *HIP* 日累计值。对式（5–5）两边进行一天 24h 叠加可得：

$$\sum_1^{24}HIP=\sum_1^{24}(D_A\cdot HIP_A+D_B\cdot HIP_B+D_C\cdot HIP_C+\cdots+D_Z\cdot HIP_Z) \tag{5-6}$$

由式（5–6）得到：

$$HIP_{总}=D_A\cdot HIP_{总}^{A}+D_B\cdot HIP_{总}^{B}+D_C\cdot HIP_{总}^{C}+\cdots+D_Z\cdot HIP_{总}^{Z} \tag{5-7}$$

式（5-7）中，$HIP_{总}=\sum_{1}^{24}HIP$，$HIP_{总}^{A}=\sum_{1}^{24}HIP_{A}$，$HIP_{总}^{B}=\sum_{1}^{24}HIP_{B}$，$HIP_{总}^{C}=\sum_{1}^{24}HIP_{C}$，$HIP_{总}^{Z}=\sum_{1}^{24}HIP_{Z}$。

式（5-7）中的 D 为分析对象占地块面积比例（%）。由式（5-7）可知，某块地块的 *HIP* 日累计值与组成用地的材质有关，同时与每种材质的面积比例有关。

5.1.3 控规热环境评价思路与方法

基于上述分析可知，控规三维模型是三维要素和二维要素的叠加，控规在落实地块时也是对不同性质用地进行叠加，同时热环境评价指标—潜在热岛强度 *HIP* 的日累计值也具有叠加性，因此本研究提出将 *HIP* 日累计值与控规热环境评价进行结合，对控规三维模型的热环境进行分析与评价。

影响城市热环境形成的不同材质用地可分为以下四大类：（1）建筑用地（包括居住建筑、商业建筑、公共建筑等）；（2）硬质铺装（包括透水硬质铺装和不透水硬质铺装等）；（3）绿地（包括草地、树木、树木＋草地、树木＋不透水铺装，树木＋透水铺装）；（4）水体。

硬质铺装、水体和绿地可假设为均匀的材质用地，其对 *HIP* 日累计值的影响主要受其材质以及占地块面积比例制约，因此得到单位面积 *HIP* 日累计值为定值。由均匀地面材质混合构成地块的 *HIP* 日累计值的计算参照式（5-7），通过不同材质用地的 *HIP* 日累计值乘以面积比例计算得到。各种材质用地的 *HIP* 日累计值，即 $HIP_{总}^{B}$、$HIP_{总}^{C}$、$HIP_{总}^{D}$ 等可以使用 TR 软件进行热环境数值模拟得到各时刻的数值，累加后可得到 *HIP* 日累计值。本研究的均质材料用地具体包括不透水铺装、透水铺装、水体、草地、树木＋草、树木＋不透水铺装、草地＋透水铺装七种。

对于建筑而言，其在城市中是一栋栋布局，建筑间存在间距，其 *HIP* 日累计值除了受建筑自身材质和占地面积比例的影响，还受建筑密度、建筑高度和容积率影响。因此无法像均质地面一样将建筑聚集成实体三维体块进行热环境数值模拟。也就是说无法直接通过对建筑进行单独的热环境数值模拟获得其

HIP 值。为了解决这个问题，本研究在使用 TR 对建筑进行热环境数值模拟时，根据建筑密度、容积率和建筑高度对建筑进行一栋栋布局后结合下垫面一起进行模拟。此时下垫面的材料选择是任意的，由于现实中建筑所在地块一般以硬质地面为主，本研究选择以不透水铺装作为建筑模拟计算的下垫面。此时通过 TR 热环境数值模拟得到的 *HIP* 日累计值为建筑 *HIP* 日累计值和不透水铺装 *HIP* 日累计值之和。

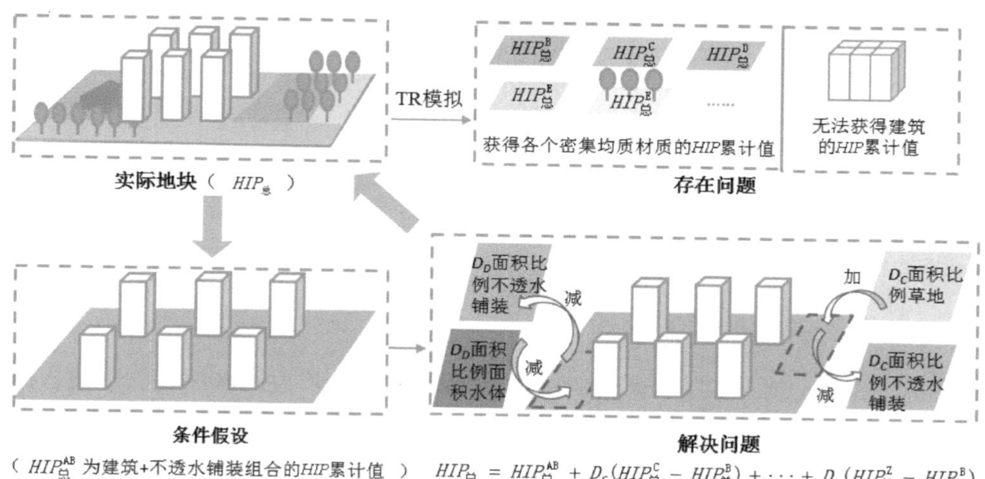

图 5-1　获取建筑用地 *HIP* 日累计值思路（彩图详见附录）

故可假设所有地面都是由建筑与不透水铺装构成（不透水铺装的面积为除了建筑基底面积外的其他材质面积之和），通过 TR 热环境数值模拟可获得建筑与不透水铺装组合的 *HIP* 值。当需要在地块中增加 *S* 面积（或 *D* 面积比例）的其他性质用地时，需要减掉同样 *S* 面积（或 *D* 面积比例）的不透水铺装的 *HIP* 日累计值，再加上 *S* 面积（或 *D* 面积比例）的该材质用地的 *HIP* 日累计值，方可计算出地块最终的 *HIP* 日累计值（图 5-1）。该思路可根据公式推导进行验证，具体公式推导如下：

由式（5-2）可得：

$$HIP=\frac{\sum_{i=1}^{n_A}(T_{Asi}-T_a)\Delta s+\sum_{i=1}^{n_B}(T_{Bsi}-T_a)\Delta s+\sum_{i=1}^{n_C}(T_{Csi}-T_a)\Delta s+\cdots+\sum_{i=1}^{n_Z}(T_{Zsi}-T_a)\Delta s}{S}$$

$$
=\frac{\sum_{i=1}^{n_A}(T_{Asi}-T_a)\Delta s+\sum_{i=1}^{n_B+n_C+\cdots+n_Z}(T_{Bsi}-T_a)\Delta s}{S}-\frac{\sum_{i=1}^{n_C+\cdots+n_Z}(T_{Bsi}-T_a)\Delta s}{S}
$$

$$
+\frac{\sum_{i=1}^{n_C}(T_{Csi}-T_a)\Delta s}{S}+\cdots+\frac{\sum_{i=1}^{n_Z}(T_{Zsi}-T_a)\Delta s}{S}
$$

$$
=HIP_{AB}-\frac{(S_C+\cdots+S_Z)\sum_{i=1}^{n_C+\cdots+n_Z}(T_{Bsi}-T_a)\Delta s}{(S_C+\cdots+S_Z)S}+\frac{S_C\sum_{i=1}^{n_C}(T_{Csi}-T_a)\Delta s}{S_C\cdot S}
$$

$$
+\cdots+\frac{S_Z\sum_{i=1}^{n_Z}(T_{Zsi}-T_a)\Delta s}{S_Z\cdot S}
$$

$$
=HIP_{AB}-\frac{(S_C+\cdots+S_Z)}{S}\cdot HIP_B+\frac{S_C}{S}\cdot HIP_C+\cdots+\frac{S_Z}{S}\cdot HIP_Z \tag{5-8}
$$

式（5-8）中，A为建筑，B为不透水铺装，C～Z为透水铺装、草地、树木、水体等其他材质。$HIP_{AB}=\frac{\sum_{i=1}^{n_A}(T_{Asi}-T_a)\Delta s+\sum_{i=1}^{n_B+n_C+\cdots+n_Z}(T_{Bsi}-T_a)\Delta s}{S}$，是A建筑与B不透水铺装组合的$HIP$值。$S$为面积，由于每种材质用地的面积与总用地面积之比可用面积比例D表述，故上述公式可整理为：

$$
\begin{aligned}
HIP&=HIP_{AB}-(D_C+\cdots+D_Z)HIP_B+D_C\cdot HIP_C+\cdots+D_Z\cdot HIP_Z\\
&=HIP_{AB}+D_C(HIP_C-HIP_B)+\cdots+D_Z(HIP_Z-HIP_B)
\end{aligned}
$$

即：

$$
HIP=HIP_{AB}+D_C(HIP_C-HIP_B)+\cdots+D_Z(HIP_Z-HIP_B) \tag{5-9}
$$

依据式（5-7）的HIP日累计值的叠加性，式（5-9）可整理为：

$$
HIP_{总}=HIP_{总}^{AB}+D_C(HIP_{总}^{C}-HIP_{总}^{B})+\cdots+D_Z(HIP_{总}^{Z}-HIP_{总}^{B}) \tag{5-10}
$$

式（5-10）中，$HIP_{总}=\sum_1^{24}HIP$，$HIP_{总}^{AB}=\sum_1^{24}HIP_{AB}$，$HIP_{总}^{B}=\sum_1^{24}HIP_B$，$HIP_{总}^{C}=\sum_1^{24}HIP_C$，$HIP_{总}^{Z}=\sum_1^{24}HIP_Z$。

对于建筑和不透水铺装组合的材料用地 *HIP* 日累计值，即式（5–10）中的 $HIP_{总}^{AB}$，由于地块在控规编制过程中会受建筑密度、容积率和建筑高度的同时影响，因此无法得到一个固定数值。为此，本研究将对建筑密度、容积率和建筑高度进行组合设计，并使用 TR 软件对每一个组合设计进行热环境数值模拟，将一天每个时刻的 *HIP* 值进行相加得到 *HIP* 日累计值。鉴于 *HIP* 日累计值与建筑密度、容积率、建筑高度存在一定的线性关系，本研究采用多元线性回归分析方法，归纳总结建筑和不透水铺装组合地块的 *HIP* 日累计值与建筑密度、容积率及建筑高度的函数关系式，并选取实际案例进行验证。

综上所述，每一种材质用地都将使用 TR 软件进行热环境数值模拟，因此需要三维模型作为模拟对象。本研究将每种材料要素进行 TR 软件模拟时所需模型称为单元地块。单元地块的具体设计方法将在下一节进行详细阐述。

依据以上思路，可在控规阶段将地块的控制指标带入式（5–7）或式（5–10）中计算出该地块的 *HIP* 日累计值，其中式（5–7）适用于计算无建筑用地的实体均质材料用地的 *HIP* 日累计值，式（5–10）适用于计算有建筑用地的 *HIP* 日累计值。该数学模型简单明了，可编入 CE 规则建模的 CGA 语言中，实现在控规编制过程中根据控制指标高效构建控规三维模型的同时获得各个地块的 *HIP* 日累计值，辅助规划师可视化地掌握控规指标、三维空间及热环境三者之间的关系。控规模型热环境评价方法的技术路线总结为图 5–2。

5.2　单元地块设计及热环境数值模拟条件设置

在获取三维控规模型要素与 *HIP* 日累计值定量关系时，需要利用 TR 软件对要素模型进行热环境模拟。而模拟对象需要单独设计，本研究将每种要素 TR 模拟需要的模型称为单元地块。单元地块设计需要考虑控规控制指标、基准面积、材料、导热系数、比热容、反射率、蒸发量等影响 TR 热环境模拟结果的指标。

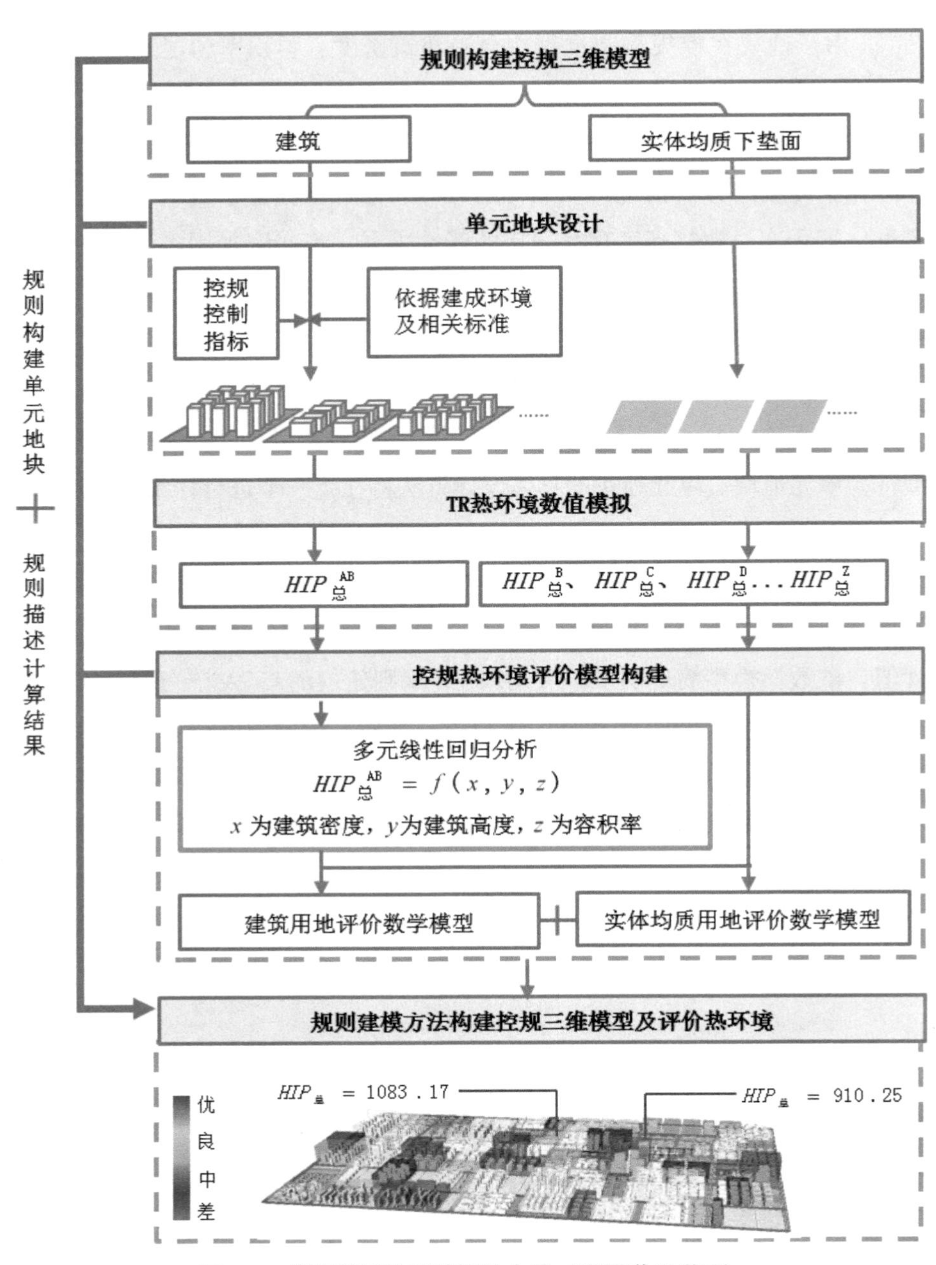

图 5-2　控规模型热环境评价方法（彩图详见附录）

单元地块设计分为两类，第一类是实体均质材料用地，其对地块热岛潜在强度累计值的影响主要受其材质产生的 *HIP* 日累计值和占地面积影响。第二类为建筑单元地块，其对地块热岛潜在强度累计值的影响主要受占地面积、建筑密度、容积率、建筑高度影、建筑外表面材料、建筑间距等因素影响。本研究的重点在于探讨控规控制指标和其他热环境影响因素，因此除了建筑密度、容积率、建筑高度以外，需要对其他因素的设计参数做定值设定，同时对不同建筑密度和容积率做组合设计，以获得建筑密度、容积率和建筑高度与 *HIP* 日累计值的数学关系式。

5.2.1　实体均质要素单元地块设计

控规模型的实体均质要素主要指城市硬质铺装、绿地和水体。本研究将硬质铺装和绿地进行分类，具体包括不透水铺装、透水铺装、草地、树木＋不透水铺装、树木＋透水铺装、树木＋草地。

由于上述要素为均质材料，而 *HIP* 表示的是材料表面温度与空气温度的差值，故当均质材料地块在单独模拟时 *HIP* 模拟结果不会受模拟对象面积的影响。故每种均质材料的二维单元地块设计只需指定基准面积，本研究指定各单元地块的基准面积为 225m^2。

对于有树木用地单元地块，主要指有高度的乔木构成的绿地。本研究选取三种典型树木单元地块表现形式：第一种是三维树木，其下垫面为不透水硬质铺砖；第二种是三维树木，其下垫面为透水铺装；第三种为植物，下垫面为草地。与热环境有关系的三维植物相关因素是绿化量，而植物高度、树冠体积等都对植物的绿化量有影响。为了简化设计，本研究对植物的高度及树冠形状做定值设定，直接采用 TR 模拟软件的植物模型，设定是由高 3.5m、半径 2.5m 的乔木无缝衔接均匀布置在地块上，故可近似看做实体均质地块。同时设定每块单元地块的面积为 225m^2，故每块单元地块有 9 棵乔木。

通过以上设定，可得到实体均质要素单元地块示意图（图 5–3）。

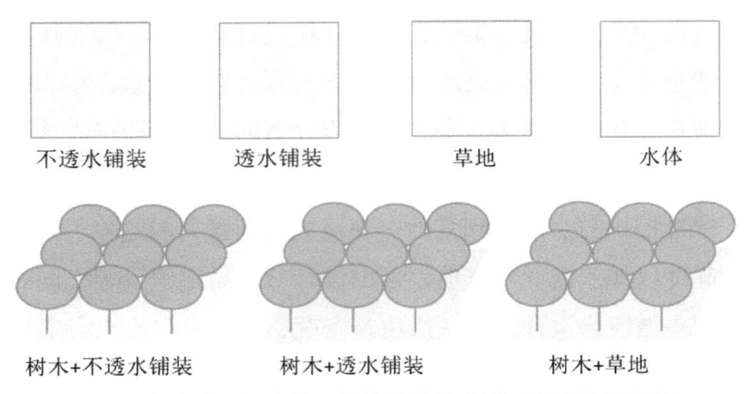

图 5-3　实体均质要素单元地块设计示意图（彩图详见附录）

5.2.2　建筑单元地块设计

本研究根据建筑使用性质和建筑布局特点的不同，将建筑单元地块设计分为两类：第一类为居住建筑单元地块，第二类为商业与公共建筑单元地块。其中居住建筑在地块中常以建筑群的形式存在，而商业建筑和公共建筑常以单体建筑的形式存在。

5.2.2.1　居住建筑单元地块设计

当地块处于规划设计阶段时，根据控规指标可形成的三维空间千变万化，这在建筑三维布局中体现得更加明显。若对每一种布局模型进行数值模拟是不切实际也是无法完成的工作。但是在特定的气候条件、建成环境和国家地区标准下，其地块布局有一定的规律性或者典型性。因此为了提高热环境数值模拟计算的效率，本研究对不同建筑设计一种或多种较为典型的单元地块来代表该类用地性质的地块布局。由于居住用地的建筑类型多样，且每种居住类型的建筑体量不一样，故对城市热环境的影响也不同。为了进一步探讨不同居住类型小区与控规控制指标的关系，本研究的单元设计根据实际情况做多种设计。依据《城市居住区规划设计标准》GB 50180—2018[74] 将居住用地单元地块设计分为低层住宅单元地块（1～3 层）、多层和小高层住宅单元地块（4～9 层），以及高层住宅单元地块（10层以上），其中高层住宅单元设计分为行列式和点式两种。

设计原则是满足特定的气候条件和建成环境的一般建筑布局规律，同时符合国家和地区的相关标准。以下将分别对建筑单元地块和建筑单体设计、建筑间距和建筑退距、建筑栋数和层数三个方面进行设计。

1. 建筑单元地块和建筑单体设计

居住建筑单元地块的面积和建筑单体基底面积的制定参考建成居住建筑的实际情况。以南宁市为例，在谷歌地图上对312个居住区进行地块面积和建筑单体面积测量，确定南宁市居住地块的面积分布集中在3～10hm^2，在提倡节约用地和追求高经济效益的背景下，居住用地地块以矩形和方形为主。故本研究确定居住用地的地块面积为60000m^2，地块具体尺寸为200m×300m。对122栋低层居住建筑、123栋多层和小高层居住建筑、239栋行列式高层居住建筑和214栋点式高层居住建筑的建筑单体面积进行统计，并利用直方图分析其建筑单体面积分布比例情况，统计结果如图5-4所示。

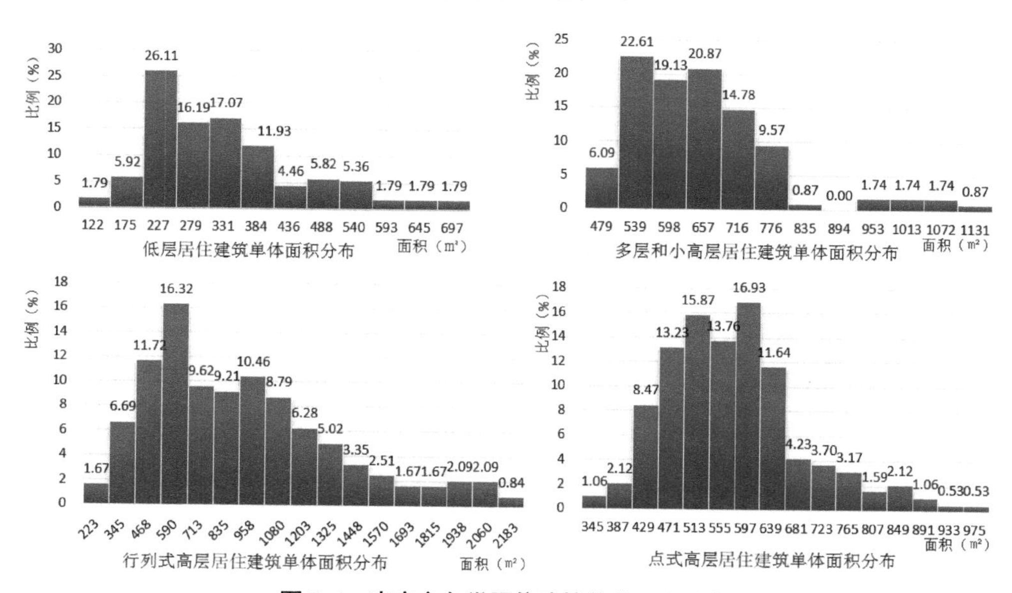

图5-4 南宁市各类居住建筑单体面积分布

对于低层居住建筑，71.3%的建筑单体面积集中在227～384m^2，该范围内的低层居住建筑单体面积取均值为298m^2。为方便建筑布局，确定低层居住建筑单体面积为300m^2，尺寸为25m×12m。对于多层和小高层居住建筑，87%

的建筑单体面积集中在 539～776m²，该范围内的低层居住建筑单体面积取均值为 603.8m²。确定多层和小高层居住建筑单体面积为 600m²，尺寸为 50m×12m。对于行列式高层居住建筑，87% 的建筑单体面积集中在 828～1563m²，该范围内的行列式高层居住建筑单体面积取均值为 1211.3m²，确定行列式高层居住建筑单体面积为 1200m²，尺寸为 60m×20m。对于点式高层居住建筑，84.13% 的建筑单体面积集中在 429～639m²，该范围内的点式高层居住建筑单体面积取均值为 566.2m²。确定点式高层居住建筑单体面积为 560m²，尺寸为 28m×20m。每种地块基底和每种建筑基底的示意图如图 5-5 所示。

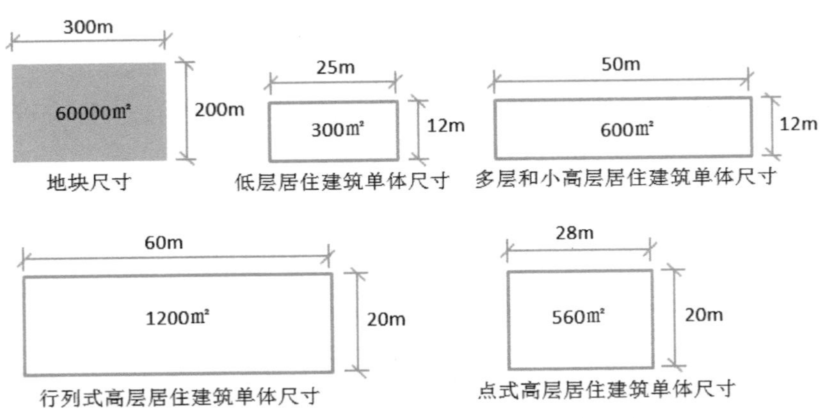

图 5-5　居住用地地块与建筑单体尺寸设计

2. 建筑退距和建筑间距

本研究设定建筑朝向为正南北，故主朝向为南北方向。对居住区建筑退距（主朝向退让距离、次朝向退让距离）和建筑间距（建筑南北间距、建筑东西山墙间距）的设置参考《城市居住区规划设计标准》GB 50180—2018[74] 相关规定，具体如表 5-1 所示。

南宁市居住建筑退距及建筑间距要求　　　　表 5-1

建筑退距/建筑间距	低层居住建筑（1～3 层）	多层和小高层居住建筑（4～9 层）	行列式高层居住建筑（≥ 10 层）	点式高层居住建筑（≥ 10 层）
主朝向退让	≥ 6m	4～6 层 ≥ 8m 7～9 层 ≥ 12m	10～35 层 ≥ 12m 35 层以上 ≥ 15m	10～35 层 ≥ 12m 35 层以上 ≥ 15m

续表

建筑退距/建筑间距	低层居住建筑（1～3 层）	多层和小高层居住建筑（4～9 层）	行列式高层居住建筑（≥ 10 层）	点式高层居住建筑（≥ 10 层）
次朝向退让	≥ 6m	4～6 层 ≥ 6m 7～9 层 ≥ 9m	10～35 层 ≥ 9m 35 层以上 ≥ 12m	10～35 层 ≥ 9m 35 层以上 ≥ 12m
建筑南北间距	≥ 9m	4～6 层 ≥ 9m 7～9 层 ≥ 21m	≥ 24m	≥ 24m
建筑东西山墙间距	≥ 6m	4～6 层 ≥ 6m 7～9 层 ≥ 9m	≥ 13m	≥ 13m

3. 建筑栋数和层数

单元地块内建筑的栋数和楼层受建筑密度和容积率影响。本研究根据《城市居住区规划设计标准》GB 50180—2018[74] 和《南宁市城市规划管理技术规定（2014 版）》，并结合南宁市多个片区控规资料调研，获得南宁市居住区常用的建筑密度和容积率范围（表 5–2）。

南宁市居住建筑建筑密度和容积率范围　　表 5–2

居住区建筑类型	建筑密度范围	容积率范围
低层居住建筑	10%～40%	0.1～1.2
多层和小高层居住建筑	10%～35%	0.6～2.8
高层居住建筑	10%～25%	2～4.5

在建筑密度范围内间隔取值获得建筑栋数；再根据容积率获得建筑层数（有小数的栋数和层数按四舍五入计算获得最终值）。需要说明的是，其中低层居住建筑、多层和小高层居住建筑的建筑层数较少，若按照建筑密度和容积率计算后四舍五入计算层数，会导致最后热环境数值模拟误差较大。例如对于低层居住建筑，地块面积为 60000m^2，建筑单体面积为 300m^2，当建筑密度为 25%、容积率为 0.4 时，计算其建筑栋数为 50 栋，层数为 1.6 层，四舍五入最后确定为 2 层。由于层数基数小，此时 2 层与 1.6 层的热环境模拟的 *HIP* 结果的误差偏值较大。因此对于低层居住建筑、多层和小高层居住建筑，是在确定建筑密度得到建筑栋数后，以楼层数量递增方式计算出对应的容积率。获得建

筑层数后，设定每层建筑层高为 2.8m，可得各个地块的建筑高度。

由此获得不同建筑密度和容积率下每种类型居住单元地块的栋数和层数，并对每种情况的单元地块进行地块编号，其中地块面积为 60000m^2，尺寸为 200m×300m；建筑层高为 2.8m。居住建筑单元地块的热环境数值模拟包括：低层居住建筑单元地块 21 个（表 5-3），多层和小高层居住建筑单元地块 33 个（表 5-4），行列式高层居住建筑单元地块 23 个（表 5-5），点式高层居住建筑单元地块有 23 个（表 5-6），共 100 个建筑单元地块。

低层居住建筑

（1～3 层，单体建筑基底面积为 300m^2，尺寸为 25m×12m）　　表 5-3

建筑密度			10%	15%	20%	25%	30%	35%	40%
建筑栋数			20 栋	30 栋	40 栋	50 栋	60 栋	70 栋	80 栋
建筑层数	一层	编号	a_1	a_4	a_7	a_{10}	a_{13}	a_{16}	a_{19}
		容积率	0.1	0.15	0.2	0.25	0.3	0.35	0.4
		高度（m）	2.8	2.8	2.8	2.8	2.8	2.8	2.8
	二层	编号	a_2	a_5	a_8	a_{11}	a_{14}	a_{17}	a_{20}
		容积率	0.2	0.3	0.4	0.5	0.6	0.7	0.8
		高度（m）	5.6	5.6	5.6	5.6	5.6	5.6	5.6
	三层	编号	a_3	a_6	a_9	a_{12}	a_{15}	a_{18}	a_{21}
		容积率	0.3	0.45	0.6	0.75	0.9	1.05	1.2
		高度（m）	8.4	8.4	8.4	8.4	8.4	8.4	8.4

多层和小高层居住建筑

（4～9 层，单体建筑基底面积为 600m^2，尺寸为 50m×12m）　　表 5-4

建筑密度			10%	15%	20%	25%	30%	35%
建筑栋数			10 栋	15 栋	20 栋	25 栋	30 栋	35 栋
建筑层数	四层	编号	—	b_5	b_{11}	b_{17}	b_{23}	b_{29}
		容积率	—	0.6	0.8	1	1.2	1.4
		高度（m）	—	11.2	11.2	11.2	11.2	11.2

续表

建筑密度			10%	15%	20%	25%	30%	35%
建筑栋数			10 栋	15 栋	20 栋	25 栋	30 栋	35 栋
建筑层数	五层	编号	—	b_6	b_{12}	b_{18}	b_{24}	b_{30}
		容积率	—	0.75	1	1.25	1.5	1.75
		高度（m）	—	14	14	14	14	14
	六层	编号	b_1	b_7	b_{13}	b_{19}	b_{25}	b_{31}
		容积率	0.6	0.9	1.2	1.5	1.8	2.1
		高度（m）	16.8	16.8	16.8	16.8	16.8	16.8
	七层	编号	b_2	b_8	b_{14}	b_{20}	b_{26}	b_{32}
		容积率	0.7	1.05	1.4	1.75	2.1	2.45
		高度（m）	19.6	19.6	19.6	19.6	19.6	19.6
	八层	编号	b_3	b_9	b_{15}	b_{21}	b_{27}	b_{33}
		容积率	0.8	1.2	1.6	2	2.4	2.8
		高度（m）	22.4	22.4	22.4	22.4	22.4	22.4
	九层	编号	b_4	b_{10}	b_{16}	b_{22}	b_{28}	—
		容积率	0.9	1.35	1.8	2.25	2.7	—
		高度（m）	25.2	25.2	25.2	25.2	25.2	—

行列式高层居住建筑

（≥ 10 层，单体建筑基底面积为 $1200m^2$，尺寸为 60m×20m）　　表 5-5

建筑密度			10%	15%	20%	25%
建筑栋数			5 栋	8 栋	10 栋	13 栋
容积率	2	编号	c_1	c_7	c_{13}	—
		层数（层）	20	13	10	—
		高度（m）	56	36.4	28	—
	2.5	编号	c_2	c_8	c_{14}	c_{19}
		层数（层）	25	16	13	10
		高度（m）	70	44.8	36.4	28
	3	编号	c_3	c_9	c_{15}	c_{20}
		层数（层）	30	19	15	12
		高度（m）	84	53.2	42	33.6

续表

建筑密度			10%	15%	20%	25%
建筑栋数			5 栋	8 栋	10 栋	13 栋
容积率	3.5	编号	c_4	c_{10}	c_{16}	c_{21}
		层数（层）	35	22	18	14
		高度（m）	98	61.6	50.4	39.2
	4	编号	c_5	c_{11}	c_{17}	c_{22}
		层数（层）	40	25	20	15
		高度（m）	112	70	56	42
	4.5	编号	c_6	c_{12}	c_{18}	c_{23}
		层数（层）	45	28	23	17
		高度（m）	126	78.4	64.4	47.6

点式高层居住建筑

（≥ 10 层，单体建筑基底面积为 1200m^2，尺寸为 60m×20m） **表 5-6**

建筑密度			10%	15%	20%	25%
建筑栋数			10 栋	16 栋	21 栋	26 栋
容积率	2	编号	d_1	d_7	d_{13}	—
		层数（层）	21	13	10	—
		高度（m）	58.8	36.4	28	—
	2.5	编号	d_2	d_8	d_{14}	d_{19}
		层数（层）	26	16	12	10
		高度（m）	72.8	44.8	33.6	28
	3	编号	d_3	d_9	d_{15}	d_{20}
		层数（层）	31	19	15	12
		高度（m）	86.8	53.2	42	33.6
	3.5	编号	d_4	d_{10}	d_{16}	d_{21}
		层数（层）	36	23	17	14
		高度（m）	100.8	64.4	47.6	39.2
	4	编号	d_5	d_{11}	d_{17}	d_{22}
		层数（层）	41	26	20	16
		高度（m）	114.8	72.8	56	44.8
	4.5	编号	d_6	d_{12}	d_{18}	d_{23}
		层数（层）	47	29	22	18
		高度（m）	131.6	81.2	61.6	50.4

通过上述参数设计可获得居住用地的单元地块，为后续热环境数值模拟提供模型基础。单元地块内的建筑布局在满足建筑退距和建筑间距相关要求的前提下，以均匀分布的方式在地块中进行布局。图 5-6 展示了部分居住用地单元地块的建筑布局设计。

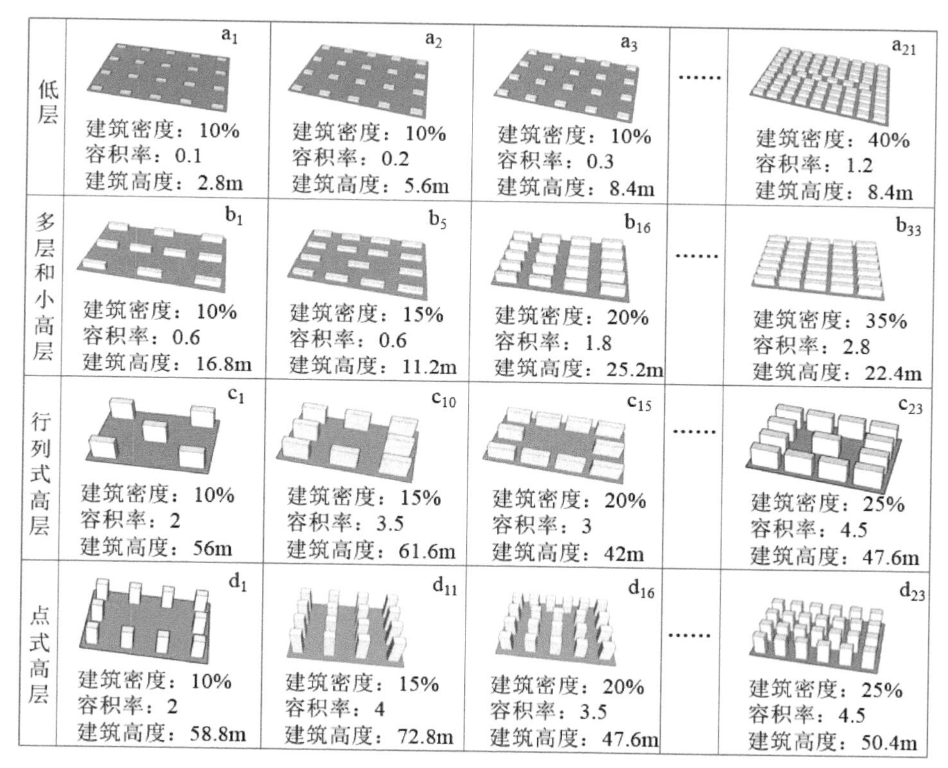

图 5-6　居住用地的单元地块设计示意图

5.2.2.2　商业和公共建筑单元地块设计

与居住建筑不同，商业和公共建筑基底面积比较大，一般在地块中以建筑单体的形式存在。对于控规控制指标而言，商业用地与公共用地的区别主要在于建筑密度和容积率的取值范围不同。为了简化模拟工作，本研究将两种功能建筑放在一起做单元地块设计，在结果处理中可根据不同用地的建筑密度和容积率获得对应的 *HIP* 日累计值。

1. 地块面积和建筑单体设计

商业和公共建筑的形态多样且单体面积变化范围较大，本研究根据相关参考文献[79]，指定其单元地块中的建筑基底面积为3000m^2，尺寸为75m×40m。单元地块面积的大小根据建筑密度确定，长宽比尽量与建筑单体一致，建筑单体置于地块中间位置。例如当建筑密度为30%、建筑单体基底面积为3000m^{2}时，地块面积为10000m^2，尺寸为125m×80m。

2. 建筑退距

由于商业和公共建筑的单元地块只有单栋建筑，因此不需要考虑建筑间距，只需考虑建筑退距。本研究设定建筑为正南北朝向，故主朝向为南北方向，次朝向为东西方向。本研究参考《城市居住区规划设计规范》GB 50180—2018[74]和《南宁市城市规划管理技术规定（2014版）》相关规定对建筑退距做设计，具体如表5-7所示。

商业和公共建筑退距要求　　表5-7

朝向	超高层（≥100m）	高层（＜100m）	多层	低层
主要朝向（m）	15	12	9	6
次要朝向（m）	12	9	8	6

3. 建筑栋数和层数

参考《南宁市城市规划管理技术规定（2014版）》相关规定，确定商业和公共建筑的建筑密度和容积率的范围。其中商业建筑密度为10%～40%，容积率为1.0～4.5；公共建筑的建筑密度为10%～35%，容积率为0.5～4.5。因此综合考虑确定商业与公共建筑的建筑密度范围为10%～40%，容积率范围为0.5～4.5。间隔选取建筑密度和容积率作为单元地块设计指标，同时根据商业和公共建筑的建筑高度常用值，确定建筑层高为4m。最终得到表5-8。该表显示每个商业和公共单元地块的建筑密度、容积率及其对应的建筑层数（有小数的栋数和层数按四舍五入计算）和建筑高度。从该表中可知商业和公共建筑的热环境数值模拟单元地块有20个建筑单元地块。

单元地块内的建筑布局在满足建筑退距的前提下，以地块居中方式进行布

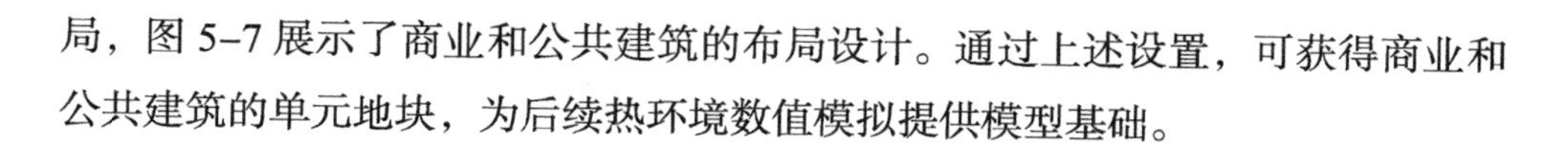

局，图 5–7 展示了商业和公共建筑的布局设计。通过上述设置，可获得商业和公共建筑的单元地块，为后续热环境数值模拟提供模型基础。

商业和公共建筑单元地块设置
（建筑单体面积为 3000m², 层高 4m）

表 5–8

建筑密度			10%	20%	30%	40%
容积率	0.5	编号	e_1	e_6	e_{11}	e_{16}
		层数（层）	5	3	2	1
		高度（m）	20	12	8	4
	1.5	编号	e_2	e_7	e_{12}	e_{17}
		层数（层）	15	8	5	4
		高度（m）	60	32	20	16
	2.5	编号	e_3	e_8	e_{13}	e_{18}
		层数（层）	25	13	8	6
		高度（m）	100	52	32	24
	3.5	编号	e_4	e_9	e_{14}	e_{19}
		层数（层）	35	18	12	9
		高度（m）	140	72	48	36
	4.5	编号	e_5	e_{10}	e_{15}	e_{20}
		层数（层）	45	23	15	11
		高度（m）	180	92	60	44

5.2.3　热环境模拟条件设置

完成各类用地的单元地块设计后，要对各个单元地块进行热环境数值模拟。本研究采用 TR 软件对各个单元地块进行热环境模拟，获取每个单元地块在夏季代表日的 *HIP* 值和 *HIP* 日累计值，从而为找到控规指标与热环境评价指标的定量关系做数据支撑。

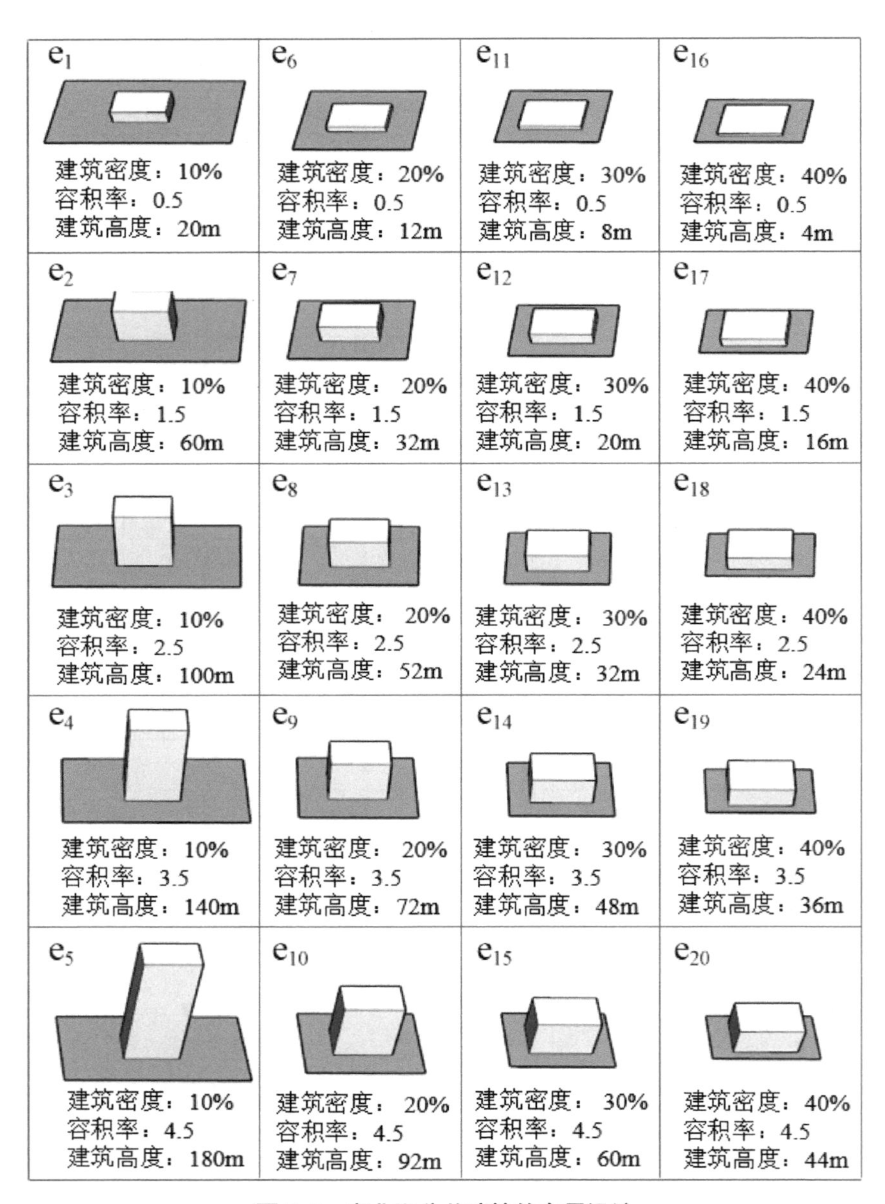

图 5-7　商业和公共建筑的布局设计

TR 模拟计算是在三维建模软件（VectorWorks）中进行，其计算流程示意如图 5-8 所示。首先，对分析区域的建筑物、树木等三维模型和二维地面模型附加相关属性数据（例如材质剖面构成、构成材料的导热系数、外表面太阳辐射反射率等）。然后进行网格化和导入气象数据等计算条件数据。每个网格的表面温度可以通过求解各网格的动态热平衡方程获得。在热平衡方程中，考虑了三维空间辐射（包括太阳直射辐射、天空散射辐射、地面和建筑物表面反射辐射、环境长波辐射），而建筑墙体、屋顶和地面内部的传热采用一维导热模型。假设条件是在某个时刻分析区域内的空气温度和流速分布均匀，但空气温度和流速随时间变化。采用后退差分法求解动态热平衡方程，根据需要精度设置时间间隔。通过模拟计算得到表面温度分布和热岛潜在强度等的时间变化数据。

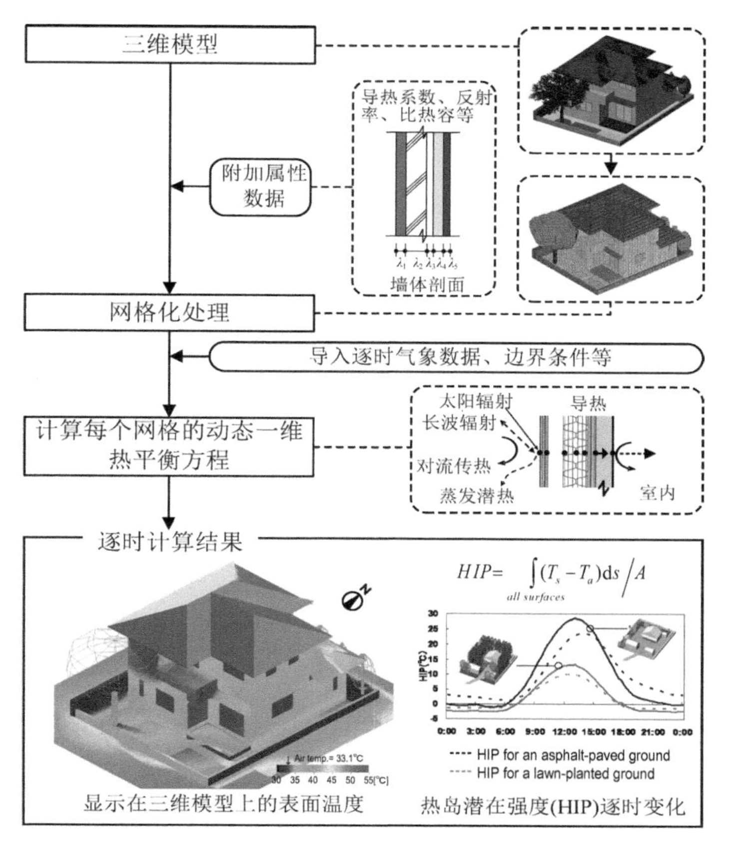

图 5-8　热环境模拟软件（ThermoRender）的计算流程示意图（彩图详见附录）

材质设置：

模拟时需要设置模拟对象材质参数。其中水体、草地、乔木在 TR 软件中已经制定了各类参数，因此需要对不透水铺装、透水铺装、各类建筑进行材料设置。参考相关标准对其进行定值设置[39]，表 5–9 为硬质铺装两种类型的单元地块热环境模拟的参数设置信息。表 5–10 为居住建筑表面材料设置，表 5–11 为商业和公共建筑表面材料设置。

硬质铺装单元地块参数设置 表 5–9

硬质铺装类型	蒸发量［kg/（m^2·d）］	材料（mm）	透水系数（mm/s）	导热系数［W/（m·K）］	比热容［J/（m^3·K）］	反射率（%）
透水性铺装（不透水的道路、广场等）	0	混凝土（200）；夯实黏土（400）	0	1.60 1.51 1.16	1900000 2116000 2020000	30
不透水性铺装（透水的步行道、广场等）	1.3	多孔混凝土透水砖（400）；碎石（200）；夯实黏土（400）	3	1.30 1.20 1.28 1.16	1500000 2000000 1932000 2020000	35

居住建筑屋顶和外墙材料构造设置 表 5–10

屋顶构造

材料名称（由外到内）	厚度（mm）	导热系数［W/（m·K）］	比热容［J/（m^3·K）］	反射率（%）
细石（碎石、卵石）混凝土	40	1.510	2116000	30
挤塑聚苯板	20	0.030	41400	
水泥砂浆	20	0.930	1890000	
加气混凝土、泡沫混凝土	80	0.220	735000	
钢筋混凝土	120	1.740	2300000	
石灰砂浆	20	0.810	1785000	

外墙构造

材料名称（由外到内）	厚度（mm）	导热系数［W/（m·K）］	比热容［J/（m^3·K）］	反射率（%）
水泥砂浆	20	0.930	1890000	30
挤塑聚苯板	20	0.030	41400	

续表

外墙构造				
材料名称（由外到内）	厚度（mm）	导热系数［W/（m·K）］	比热容［J/（m^3·K）］	反射率（%）
水泥砂浆	20	0.930	1890000	30
钢筋混凝土	200	1.740	2300000	
石灰砂浆	20	0.810	1785000	

商业和公共建筑屋顶及外墙材料构造设置　　表 5-11

屋顶构造				
材料名称（由外到内）	厚度（mm）	导热系数［W/（m·K）］	比热容［J/（m^3·K）］	反射率（%）
水泥砂浆	20	0.93	1890000	30
保温层	50	0.04	59000	
钢筋混凝土	100	1.74	2300000	
外墙构造				
材料名称（由外到内）	厚度（mm）	导热系数［W/（m·K）］	比热容［J/（m^3·K）］	反射率（%）
瓷砖	5	1.3	2000000	30
水泥砂浆	20	0.93	1890000	
混凝土	200	1.6	1900000	
混合砂浆	20	0.87	1785000	

通过以上设置，在 TR 模拟计算中构建各个地块热环境数值模拟的三维模型，如图 5-9 所示。在 TR 模拟计算中完成模型构建后，进行以下相关设置。以南宁市为例设置计算条件，选取容易形成热岛效应的夏季典型晴天日作为计算的气象条件，其气象参数的日变化如图 5-10 所示。计算采用正方形网格模型，设置的网格大小为 0.7m。采用后退差分法求解动态热平衡方程，计算时间间隔为 5min。具体 TR 设置条件的详细说明可参阅文献[57]。完成上述计算条件等设置后，可在 TR 中对各个单元地块进行热环境数值模拟计算。

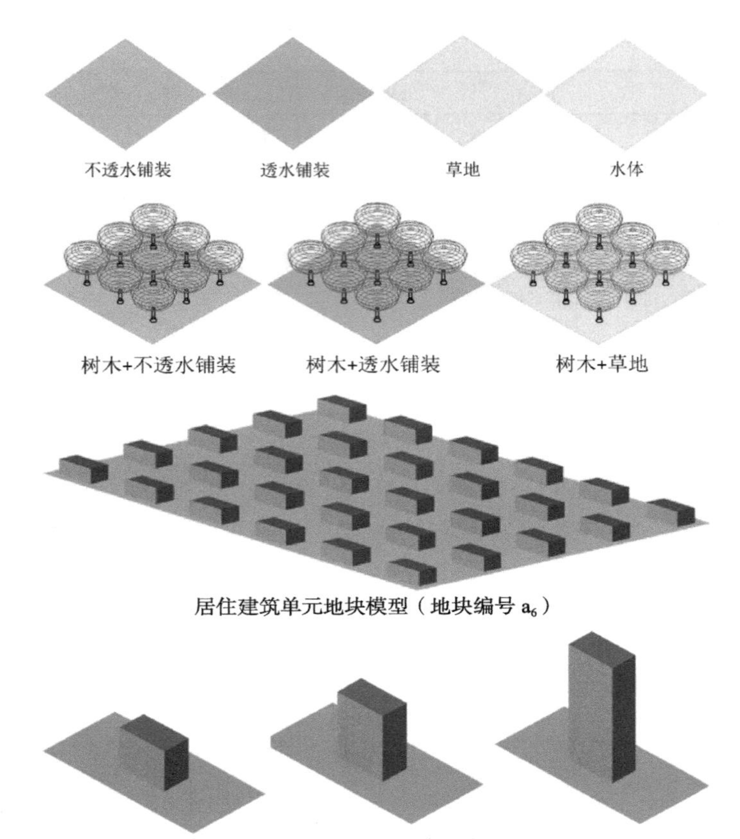

图 5-9　构建的各类单元地块热环境数值模拟模型（彩图详见附录）

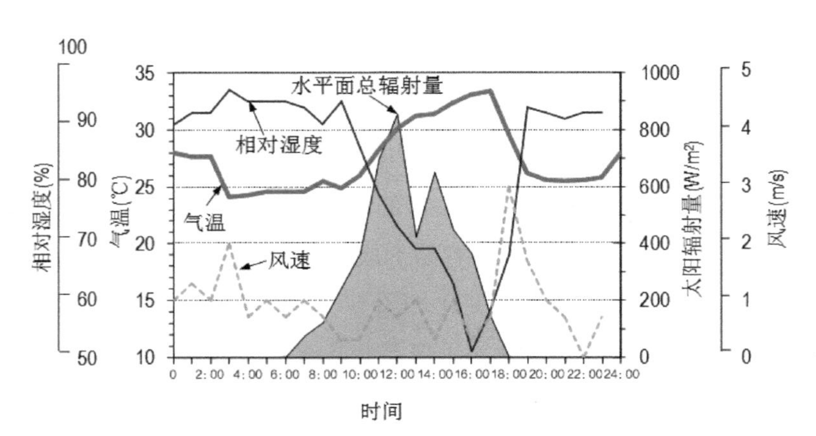

图 5-10　南宁市典型夏日晴天的气象参数日变化（彩图详见附录）

5.3　控规热环境评价模型构建

通过 TR 热环境数值模拟，可获得各个时刻的 *HIP* 值，用来分析各类单元地块对城市热环境的影响。同时根据各个时刻的 *HIP* 值，可计算一天的 *HIP* 日累计值。

对于实体均质要素而言，*HIP* 日累计值为定值，其对混合用地的热环境影响主要受其占地面积比例影响，其热环境数学模型的构建参考式（5–7）。

对于有建筑的用地而言，通过数值模拟计算得到的 *HIP* 日累计值为建筑和不透水铺装组合的 *HIP* 日累计值，其热环境数学模型的构建参考式（5–10）。同时，建筑用地获得的 *HIP* 日累计值与建筑密度、容积率和建筑高度存在线性关系，因此可以利用多元线性回归分析对 *HIP* 日累计值与建筑密度、容积率和建筑高度进行分析。

5.3.1　实体均质要素热环境模拟结果与分析

下垫面的模拟地块包括透水铺装单元地块、不透水铺装单元地块、水体单元地块、草地单元地块。植物的模拟地块包括树木与透水铺装单元地块、树木与不透水铺装单元地块、树木与草地单元地块。对以上单元地块进行热环境数值模拟得到的 *HIP* 逐时变化（数据显示时间间隔为 15min）如图 5–11 所示。

在图 5–11 中，除水体地块和树＋透水铺装地块外，其他地块均呈现出白天 *HIP* 值为正值，且在 12 : 00～14 : 00 出现峰值的趋势。这是由于白天地块蒸发散热量小于吸收的太阳辐射量，使得地块表面的温度高于环境的空气温度，因此 *HIP* 值变大，而其值在 12 : 00～14 : 00 达到最大，因此 *HIP* 值达到峰值。到了晚上太阳辐射蓄热量慢慢减少，而地块辐射散热使得地块表面温度降低，与空气温度差值变小，因此 *HIP* 值开始变小。

其中，不透水铺装地块和树＋透水铺装地块的 *HIP* 值终日大于 0，表示两种地块一天的表面温度均比空气温度高，空气温度一直处于被这两种地块加热的状况。而草地、透水铺装和树＋草地地块的 *HIP* 值在 8 : 00～17 : 00 期间为正值，其他时间为负值，表示在 8 : 00～17 : 00 时间段这些地块的表面温度比空气高，空气被这些地块加热；而其他时间这些地块的表面温度比空气低，空气向这些地块散热。水体以及树＋透水铺装单元地块的 *HIP* 值终日小于 0，表示这些地块的表面温度全天均比空气温度小，空气可向这些地块散热，起到缓解城市热环境的作用。

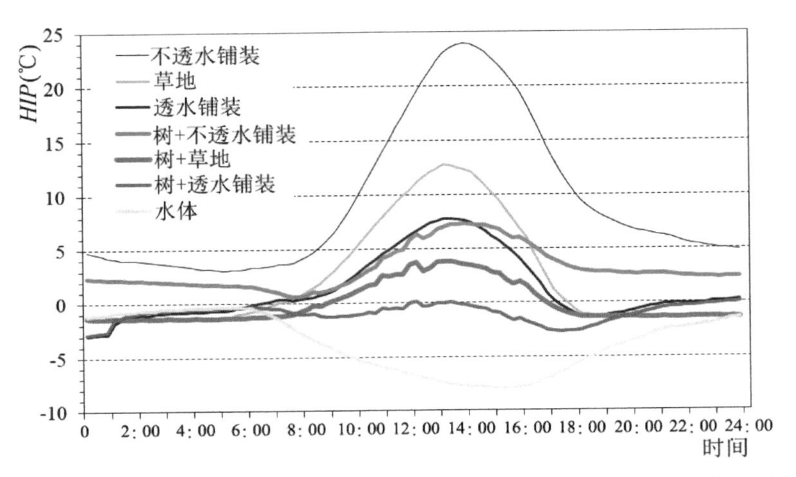

图 5-11　下垫面和植物单元地块的典型夏季晴天 *HIP* 逐时变化（彩图详见附录）

在获得 *HIP* 值后，对一天中各个时刻的 *HIP* 值进行累加得到 *HIP* 日累计值（图 5-12、表 5-12），以反映各种类型的下垫面和植物单元地块一天中对其周围大气加热程度的累积情况。通过 *HIP* 日累计值数据，可知各种单元地块一天对城市热环境的综合影响情况，对城市热环境从加剧作用至缓解作用的顺序为：不透水铺装、树＋不透水铺装、草地、透水铺装、树＋草地、树＋透水铺装、水体。其中不透水铺装、树木＋不透水铺装、草地以及透水铺装的 *HIP* 日累计值为正值，表明这些地块一天中加热其周围空间的能力大于空气向其散热的能力。而树＋草地、树＋透水铺装以及水体地块的 *HIP* 日累计值为负值，表明这些地块一天中空间向其释放热量的能力大于空气被其加热的能力，因此这些材质的地块在缓解城市热环境方面效果显著。表 5-12 中的 *HIP* 日累计值也是各类下垫面和植物地块单元在式（5-7）和式（5-10）中对应要素的 $HIP_{总}$，表示单元要素与 *HIP* 日累计值的关系。

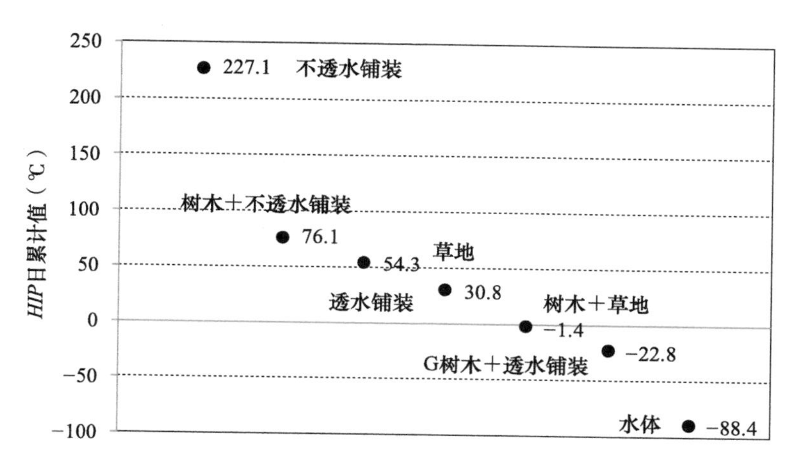

图 5-12　不同均质材料的 *HIP* 日累计值

下垫面和植物单元地块 *HIP* 日累计值　　表 5-12

单元地块	*HIP* 日累计值（℃）
不透水铺装	227.05
透水铺装	30.80
草地	54.31
树＋不透水铺装	76.12
树＋透水铺装	−22.77
树＋草地	−1.44
水体	−88.40

5.3.2　建筑用地热环境模拟结果与分析

5.3.2.1　居住建筑热环境模拟及分析

通过 TR 对低层居住建筑、多层和小高层居住建筑、行列式高层居住建筑和点式高层居住建筑共 100 个单元进行热环境数值模拟，可得到每个地块单元各个时刻的 *HIP* 值，其变化曲线如图 5-13 所示。模拟结果表明，所有建筑单元地块的 *HIP* 值都呈现出在白天 *HIP* 值大于夜间的状态，且在 12：00～14：00 出现峰值的曲线趋势。其中低层居住建筑、多层和小高层居住建筑的 *HIP* 值变化趋势相似，行列式高层居住建筑和点式高层居住建筑的变化趋势相似。行列式高层居住建筑和点式高层居住建筑在白天 8：00～12：00 时出现各个单元地块 *HIP* 值差异变化大的现象，具体表现为在建筑密度同样的情况下，建筑容积率大和建筑高度高的单元地块比建筑密度小和建筑高度低的单元地块的 *HIP* 高很多。因此可知对于高层居住建筑而言，其 *HIP* 值在上午随着建筑容积率和建筑高度的增加而快速升高。

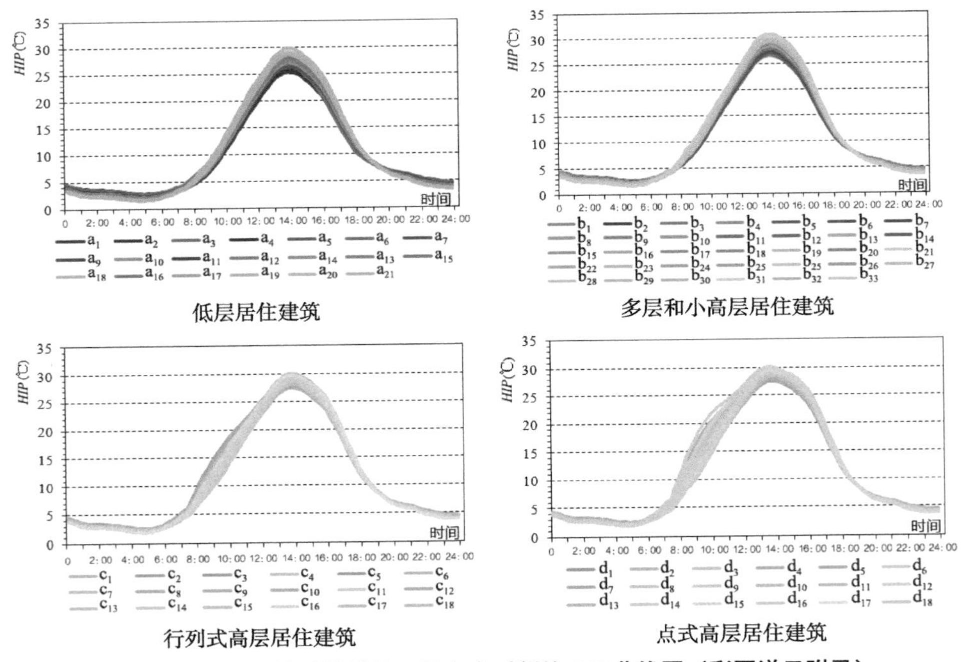

图 5-13　各类居住建筑地块一天各个时刻的 *HIP* 曲线图（彩图详见附录）

将一天中各个时刻的 *HIP* 值进行相加得到 *HIP* 日累计值，如表 5-13 所示。将各类居住建筑的地块单元的 *HIP* 日累计值绘制成散点图，如图 5-14 所示。从图 5-14 可知，对于各类居住建筑类型来说，*HIP* 日累计值与建筑密度、容积率和建筑高度成非常有规律的线性关系。其中对于低层居住建筑、多层和小高层居住建筑而言，*HIP* 日累计值随着建筑密度、容积率和建筑高度的增加而增加。对于行列式高层居住建筑和点式高层居住建筑而言，*HIP* 日累计值随着建筑密度的增加而减小，随着容积率和建筑高度的增加而变大。

居住建筑 *HIP* 日累计值　　表 5-13

低层居住建筑各个单元地块 *HIP* 总和值					
编号	累计值（℃）	编号	累计值（℃）	编号	累计值（℃）
a_1	236.14	a_8	246.45	a_{15}	258.25
a_2	240.45	a_9	251.83	a_{16}	246.27
a_3	243.88	a_{10}	243.12	a_{17}	253.33
a_4	239.01	a_{11}	249.94	a_{18}	258.95
a_5	243.77	a_{12}	255.88	a_{19}	247.78
a_6	248.56	a_{13}	245.04	a_{20}	254.43
a_7	240.54	a_{14}	252.23	a_{21}	259.44
多层和小高层居住建筑各个单元地块 *HIP* 总和值					
编号	累计值（℃）	编号	累计值（℃）	编号	累计值（℃）
b_1	250.43	b_{12}	259.25	b_{23}	261.68
b_2	252.95	b_{13}	262.80	b_{24}	264.38
b_3	254.90	b_{14}	266.33	b_{25}	267.78
b_4	256.78	b_{15}	268.68	b_{26}	271.08
b_5	251.48	b_{16}	270.90	b_{27}	272.68
b_6	254.38	b_{17}	258.83	b_{28}	274.18
b_7	257.60	b_{18}	261.98	b_{29}	264.00
b_8	260.83	b_{19}	265.58	b_{30}	266.93
b_9	263.25	b_{20}	269.15	b_{31}	270.25
b_{10}	265.50	b_{21}	271.25	b_{32}	273.48
b_{11}	256.05	b_{22}	273.18	b_{33}	274.90
行列式高层居住建筑各个单元地块 *HIP* 总和值					
编号	累计值（℃）	编号	累计值（℃）	编号	累计值（℃）
c_1	264.30	c_9	275.00	c_{17}	282.30
c_2	270.18	c_{10}	277.08	c_{18}	286.33
c_3	275.80	c_{11}	284.75	c_{19}	263.95
c_4	281.45	c_{12}	286.28	c_{20}	268.55
c_5	286.90	c_{13}	262.95	c_{21}	272.28
c_6	292.43	c_{14}	268.25	c_{22}	275.88
c_7	264.45	c_{15}	272.95	c_{23}	279.75
c_8	267.03	c_{16}	277.60	—	—

续表

点式高层居住建筑各个单元地块 *HIP* 总和值					
编号	累计值（℃）	编号	累计值（℃）	编号	累计值（℃）
d_1	268.68	d_9	278.53	d_{17}	283.58
d_2	275.85	d_{10}	283.68	d_{18}	287.43
d_3	282.60	d_{11}	288.88	d_{19}	267.30
d_4	288.98	d_{12}	293.78	d_{20}	271.43
d_5	295.60	d_{13}	265.15	d_{21}	275.15
d_6	302.10	d_{14}	270.35	d_{22}	278.40
d_7	266.95	d_{15}	274.98	d_{23}	281.43
d_8	273.00	d_{16}	279.00	—	—

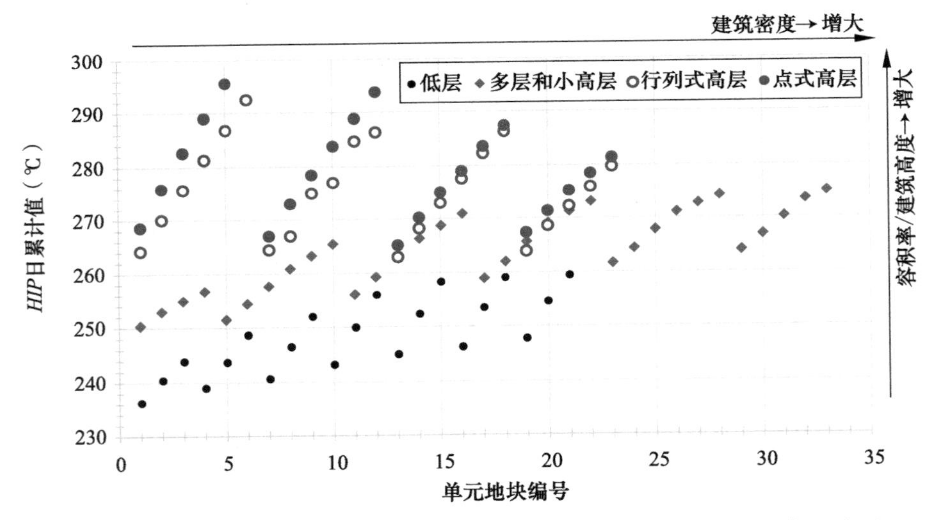

图 5-14　居住区各类建筑单元地块 *HIP* 日累计值的散点分布图（彩图详见附录）

为了进一步了解建筑密度、容积率和建筑高度对 *HIP* 总值的影响，采用多元线性回归分析法对数据进行分析。其中 *HIP* 日累计值为因变量，建筑密度、容积率和建筑高度为自变量。由于建筑密度、容积率和建筑高度彼此之间有一定的关联性，因此先使用容忍度和扩大因子 *VIF* 判断选取的自变量，同时采用逐步多元线性回归分析法将变量逐个引入，并进行逐个检验。结合以上两种变量筛选方法，可选取适合每个模型的自变量：低层居住建筑、多层和小高层居住建筑多元线性回归分析的自变量为建筑密度和建筑高度；行列式高层居住建筑和点式高层居住建筑多元线性回归分析的自变量为建筑密度和容积率。以下分别对各类居住建筑的多元线性回归分析结果进行说明。

对于低层居住建筑，多元线性回归分析结果显示调整后的 R^2 为 0.96，表示多元线性模型的拟合度很高。自变量回归系数相关指标如表 5–14 所示，从表 5–14 可知，建筑密度与建筑高度的 *P* 值（即 *Sig.*）均小于 0.05，表明两者对 *HIP* 日累计值的影响非常显著。从自变量系数来看，建筑密度和建筑高度均与 *HIP* 日累计值成正比关系，每增加 1 单位建筑密度，*HIP* 日累计值增加 46.347 单位；每增加 1 单位建筑高度，*HIP* 日累计值增加 2.013 单位。

低层居住建筑 *HIP* 日累计值与各指标的多元线性回归分析　　表 5–14

模型	非标准化系数		标准系数	*t*	*Sig.*
	B	标准误差			
（常量）	225.488	1.078	—	52.291	0.000
建筑密度	46.347	2.962	0.697	3.912	0.000
建筑高度	2.013	0.130	0.692	3.884	0.000

因变量：低层居住建筑 *HIP* 日累计值。

对于多层和小高层居住建筑，多元线性回归分析结果显示调整后的 R^2 为 0.924，表示多元线性模型的拟合度很高。自变量回归系数相关指标如表 5–15 所示，从表 5–15 可知，建筑密度与建筑高度的 *P* 值（即 *Sig.*）均小于 0.05，表明两者对 *HIP* 日累计值的影响非常显著。从自变量系数来看，建筑密度和建筑高度均与 *HIP* 日累计值成正比关系，每增加 1 单位建筑密度，*HIP* 日累计值增加 73.513 单位；每增加 1 单位建筑高度，*HIP* 日累计值增加 0.963 单位。

多层和小高层居住建筑 *HIP* 日累计值与各指标的多元线性回归分析　　表 5–15

模型	非标准化系数		标准系数	*t*	*Sig.*
	B	标准误差			
（常量）	229.573	1.857	—	30.909	0.000
建筑密度	73.513	4.282	0.850	4.292	0.000
建筑高度	0.963	0.075	0.638	3.223	0.000

因变量：多层和小高层居住建筑 *HIP* 日累计值。

对于行列式高层居住建筑而言，多元线性回归分析结果显示调整后的 R^2 为 0.962，表示多元线性模型的拟合度很高。自变量回归系数相关指标如表 5–16 所示，从表 5–16 可知，建筑密度与容积率的 *P* 值（即 *Sig.*）均小于 0.05，表明两者对 *HIP* 日累计值的影响非常显著。从自变量系数来看，建筑密度与 *HIP* 日累计值成反比关系，容积率与 *HIP* 日累计值成正比关系，每增加 1 单位建筑密度，*HIP* 日累计值减少 53.114 单位；每增加 1 单位容积率，*HIP* 日累计值增加 9.545 单位。

行列式高层居住建筑 *HIP* 日累计值与各指标的多元线性回归分析　　表 5–16

模型	非标准化系数		标准系数	*t*	*Sig.*
	B	标准误差			
（常量）	253.307	1.726	—	36.669	0.000
建筑密度	−53.114	6.384	−0.349	−2.080	0.000
容积率	9.545	0.421	0.951	5.663	0.000

因变量：行列式高层居住建筑 *HIP* 日累计值。

对于点式高层居住建筑而言，多元线性回归分析结果显示调整后的 R^2 为 0.96，表示多元线性模型的拟合度很高。自变量回归系数相关指标如表 5–17 所示，从表 5–17 可知，建筑密度与容积率的 *P* 值（即 *Sig.*）均小于 0.05，表明两者对 *HIP* 日累计值的影响非常显著。从自变量系数来看，建筑密度与 *HIP* 日累计值成反比关系，容积率与 *HIP* 日累计值成正比关系，每增加 1 单位建筑密度，*HIP* 日累计值减少 88.948 单位；每增加 1 单位容积率，*HIP* 日累计值增加 10.323 单位。

点式高层居住建筑 *HIP* 日累计值与各指标的多元线性回归分析　　表 5–17

模型	非标准化系数		标准系数	*t*	*Sig.*
	B	标准误差			
（常量）	260.852	2.043	—	31.928	0.000
建筑密度	−88.948	7.558	−0.506	−2.942	0.000
容积率	10.323	0.499	0.890	5.174	0.000

因变量：点式高层居住建筑 *HIP* 日累计值。

从上述结果可归纳总结 *HIP* 日累计值计算公式（5–10）中居住建筑的相关常数和系数，如表 5–18 所示。

各类居住建筑 *HIP* 日累计值计算公式相关常数和系数　　表 5-18

居住建筑类型	常数	建筑密度系数	建筑高度系数	容积率系数
低层居住建筑	225.488	46.347	2.013	—
多层和小高层居住建筑	229.573	73.514	0.963	—
行列式高层居住建筑	253.074	−53.114	—	9.545
点式高层居住建筑	260.853	−88.948	—	10.323

从表 5-18 中可知，低层居住建筑、多层和小高层居住建筑与建筑密度成正比关系，行列式高层居住建筑和点式高层居住建筑与建筑密度成反比关系，这是由于对于低层居住建筑、多层和小高层居住建筑而言，当建筑高度一定时，建（构）筑物的体量会随着建筑密度增加，并且由于建筑高度不高，因此阴影遮挡关系不明显，从而增加白天的蓄热量，出现 *HIP* 日累计值与建筑密度成正比关系。而对于行列式高层居住建筑和点式高层居住建筑，当容积率一定时，建（构）筑物会随着建筑密度的增加而变得密集，同时由于建筑高度较高，因此阴影的遮挡关系明显，从而减少白天的蓄热量，呈现 *HIP* 日累计值与建筑密度成反比的关系。

此外需要说明的是，在一些针对建筑密集的城市中心区和商业区的研究中，提出城市热岛与城市容积率和建筑高度呈负相关，原因是当建筑密度为固定值时，容积率和建筑高度数值越大，建筑产生的阴影越大，可缓解城市热岛情况。而本研究针对的是居住区，且每个模拟的单元地块设计的建筑间距满足国家和地区标准，当容积率和建筑高度数值变大时，为保证满足要求建筑间距会增大，故接收太阳辐射的面积也会增多。因此在这样的单元地块设计条件下，得到的 *HIP* 日累计值与容积率和建筑高度呈正相关的结论。

5.3.2.2　商业和公共建筑热环境模拟及分析

通过对商业和公共建筑共 20 个单元地块进行热环境数值模拟，可得到每个地块单元各个时刻的 *HIP* 值，变化曲线图如图 5-15 所示。从图 5-15 中可知，商业和公共建筑的 *HIP* 值与居住建筑（图 5-13）一样，呈现出在白天 *HIP* 值大于夜间的状态，且在 12 : 00～14 : 00 出现峰值的曲线趋势。同时在 8 : 00～12 : 00

时的 *HIP* 值差异明显，具体与行列式高层居住建筑和点式高层居住建筑一样，均为建筑密度一致时，*HIP* 值随着容积率和建筑高度的增加而迅速增加。

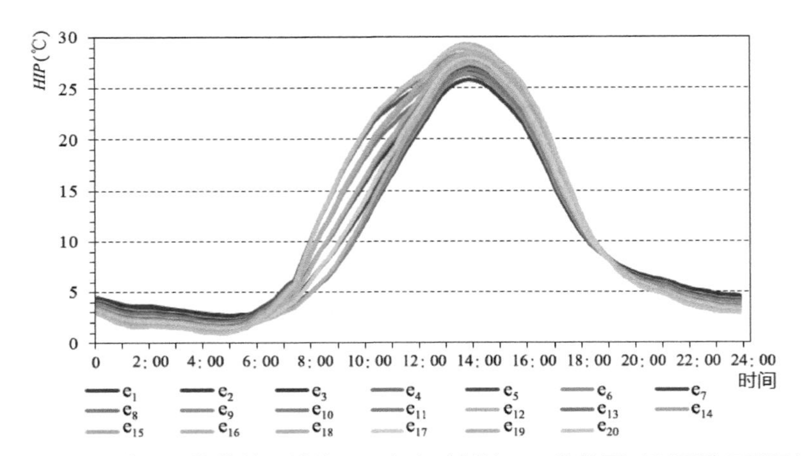

图 5-15 下垫面和植物单元地块一天各个时刻的 *HIP* 曲线图（彩图详见附录）

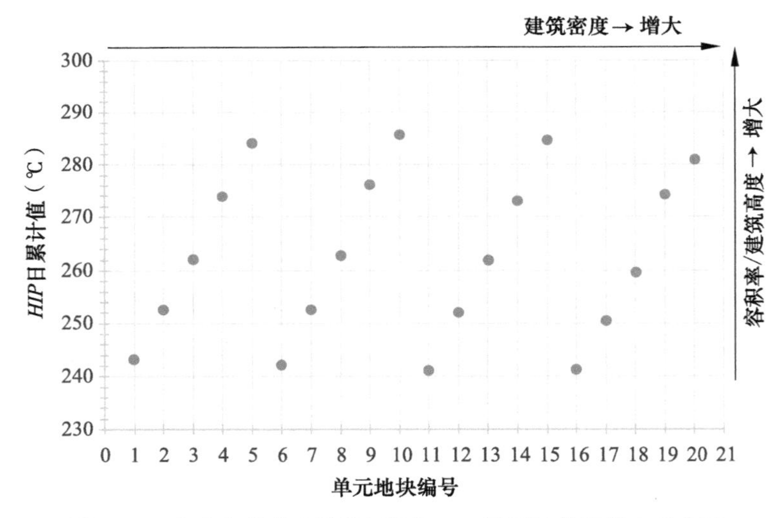

图 5-16 商业和公共建筑单元地块 *HIP* 日累计值的散点分布图

将商业和公共建筑一天中各个时刻的 *HIP* 值累加，得到 *HIP* 日累计值如表 5-19 所示，其散点图如图 5-16 所示。从图 5-16 可知，对于商业和公共建筑，*HIP* 日累计值与建筑密度、容积率和建筑高度成非常有规律的线性关系，呈现出随着容积率和建筑高度的增加而变大，总体趋势随着建筑密度增加而减小。

为了进一步了解建筑密度、容积率和建筑高度对 *HIP* 总值的影响，采用多元线性回归方法对数据进行分析。与居住建筑筛选自变量的方法一样，先使用容忍度和扩大因子 *VIF* 判断选取的自变量，同时采用逐步多元线性回归分析法，将变量逐个引入，并进行逐个检验。结合以上两种变量筛选方法，可选取适合商业和公共建筑的自变量为建筑密度和容积率。

商业和公共建筑 *HIP* 日累计值　　　　表 5-19

编号	累计值（℃）	编号	累计值（℃）	编号	累计值（℃）
e_1	243.10	e_8	262.73	e_{15}	284.60
e_2	252.50	e_9	276.23	e_{16}	241.18
e_3	262.08	e_{10}	285.73	e_{17}	250.48
e_4	273.88	e_{11}	241.05	e_{18}	259.63
e_5	284.05	e_{12}	251.93	e_{19}	274.28
e_6	242.13	e_{13}	261.93	e_{20}	280.90
e_7	252.48	e_{14}	272.90	—	—

从多元线性回归分析结果显示调整后的 R^2 为 0.99，表示多元线性模型的拟合度很高。自变量回归系数相关指标如表 5-20 所示，从表 5-20 可知，建筑密度与建筑高度的 *P* 值均小于 0.05，表明两者对 *HIP* 日累计值的影响非常显著。从自变量系数来看，建筑密度和建筑高度均与 *HIP* 日累计值成正比关系，每增加 1 单位建筑密度，*HIP* 日累计值减少 6.865 单位；每增加 1 单位容积率，*HIP* 日累计值增加 10.639 单位。由以上分析结果可归纳总结 *HIP* 日累计值计算公式（5-10）中商业和公共建筑的相关常数和系数，如表 5-21 所示。

商业和公共建筑 *HIP* 日累计值与各指标的多元线性回归分析　　　　表 5-20

模型	非标准化系数		标准系数	*t*	*Sig.*
	B	标准误差			
（常量）	237.806	0.862	—	68.986	0.000
建筑密度	−6.865	2.552	−0.051	−0.673	0.015
容积率	10.639	0.202	0.996	13.185	0.000

因变量：商业和公共建筑 *HIP* 日累计值。

商业和公共建筑 *HIP* 日累计值计算公式相关常数和系数　　表 5-21

常数	建筑密度系数	容积率系数
237.806	−6.865	10.639

5.3.2.3　建筑用地城市热岛潜在强度计算验证

对于建筑单元地块，由于无法将建筑看做实体均质材料，故本研究将建筑与不透水铺地结合设计，以获得不同建筑密度、容积率和建筑高度下建筑单元地块的 *HIP* 日累计值，即 $HIP_{总}^{AB}$。并利用多元线性回归分析法对 $HIP_{总}^{AB}$ 进行分析，得到 $HIP_{总}^{AB}$ 与建筑密度、容积率和建筑高度的关系式。故在构建建筑地块的热环境数学计算模型之前，需要对得到的建筑密度、容积率和建筑高度相关公式（表 5–18 和表 5–21）进行验证，即对式（5–11）进行验证：

$$HIP_{总}^{AB} = \mathrm{d} + aX + bY + cZ \qquad (5\text{–}11)$$

式（5–11）中，d 为常量，*X* 为建筑密度（%），*Y* 为建筑高度（m），*Z* 为容积率，*a* 为建筑密度系数，*b* 为建筑高度系数，*c* 为建筑容积率系数。

验证方法是针对五种建筑单元地块（低层居住建筑、多层和小高层居住建筑、行列式高层居住建筑、点式高层居住建筑、商业和公共建筑）随机选取实际项目，将实际项目进行处理后（即将下垫面材质全部设置为不透水铺装）利用 TR 进行热环境数值模拟，设置条件、外墙和屋顶材质等与做建筑单元地块热环境模拟时条件一致。模拟计算完成后将一天的热岛潜在强度值进行叠加，最终得到实际地块的 $HIP_{总}^{AB}$ 模拟值。同时将实际项目的建筑密度、容积率和建筑高度以及表 5–18、表 5–21 相关系数带入式（5–11）计算，获得 $HIP_{总}^{AB}$ 的回归计算值。最后将基于回归方程式的计算值与 $HIP_{总}^{AB}$ 的模拟值进行对比验证，以两者相对误差小于 5%，即 $|HIP_{总}^{AB}$ 回归计算值 $-HIP_{总}^{AB}$ 模拟值 $|\div HIP_{总}^{AB}$ 模拟值 $\leqslant$ 5% 满足计算要求为判断标准。以南宁市为例，选取的实际项目信息如表 5–22 所示。

将上述五个建筑用地进行热环境数值模拟，同时根据回归方程式计算各用地的 *HIP* 值，最终结果如表 5–23 所示。该表显示了五个建筑用地地块的 $HIP_{总}^{AB}$ 模拟值、$HIP_{总}^{AB}$ 回归计算值，两者的差值及相对误差。从表 5–23 中可知，低层居住建筑用地、多层和小高层居住用地、行列式高层居住用地、点式高层居住用地、商业和公共建筑用地的 $HIP_{总}^{AB}$ 模拟值与计算值的相对误差均小于 5%，处于允许误差范围内，从而验证所得的回归计算方程式有较高的预测精度。

南宁市建筑用地选取地块　　表 5-22

建筑类型/名称	总面积（m^2）	建筑密度（%）	建筑高度（m）	容积率	卫星图像
低层居住用地： 林业新村一期	101764.7	14.6	10	—	
多层和小高层居住用地： 机务小区	63370.2	29.4	16	—	
行列式高层居住用地： 荣和大地二组团	137258.4	24.4	—	2.93	
点式高层居住用地： 天健世纪花园	61686.3	13.1	—	4.59	
商业和公共建筑： 中国移动通信大厦	12892.6	11.8	—	2.37	

建筑用地 $HIP_{总}^{AB}$ 值分析　　表 5-23

建筑类型	$HIP_{总}^{AB}$ 模拟值（℃）	$HIP_{总}^{AB}$ 回归计算值（℃）	差值（℃）	相对误差（%）
低层居住用地： 林业新村一期	250.96	252.37	1.42	0.56
多层和小高层居住用地： 机务小区	257.84	268.52	10.68	4.10

续表

建筑类型	$HIP_{总}^{AB}$模拟值（℃）	$HIP_{总}^{AB}$回归计算值（℃）	差值（℃）	相对误差（%）
行列式高层居住用地：荣和大地二组团	267.03	268.08	1.04	0.39
点式高层居住用地：天健世纪花园	311.59	296.57	15.01	4.80
商业和公共建筑：中国移动通信大厦	274.44	262.21	12.23	4.46

5.3.3 控规热环境评价数学模型构建

通过上述对均质单元地块和建筑单元地块的热环境数值模拟及多元线性回归分析，可得每种单元地块的 *HIP* 日累计值及相关系数和常数，可用于构建各种材质及混合材质用地的 *HIP* 日累计值数学模型。将表5–12、表5–18和表5–21的相关参数带入式（5–7）和式（5–10）中，可构建控规热环境评价的数学模型，其中式（5–7）适用于无建筑用地的实体均质材料用地 *HIP* 日累计值计算，式（5–10）适用于有建筑用地的 *HIP* 日累计值计算。

具体模型构建如下：

1. 均质用地 *HIP* 日累计值数学模型

均质单元地块包括不透水铺装、透水铺装、草地、树＋不透水铺装、树＋透水铺装、树＋草地，其 *HIP* 日累计值为固定值，每种材质对地块一天的热岛潜在强度影响与其占地块的面积比例相关。将表 5–9 带入式（5–7）中可得：

$$HIP_{总}=227.05D_B+76.12D_C+54.31D_D+30.8D_E-22.77D_F-1.44D_G-88.4D_H \quad (5\text{–}12)$$

式（5–12）中，B 为不透水铺装，C 为透水铺装，D 为草地，E 为树＋不透水铺装，F 为树＋透水铺装，G 为树＋草地，H 为水体，其面积比例分别为式中的 D_B、D_C、D_D、D_E、D_F、D_G 和 D_H。

2. 建筑用地 *HIP* 日累计值数学模型

建筑用地是指有建筑用地的地块，按照建筑类型的不同，分为低层居住建筑、多层和小高层居住建筑、行列式高层居住建筑、点式高层居住建筑及商业和公共建筑用地。根据前文的热环境数值模拟结果，可知每种建筑类型的 *HIP* 日累计值不同，因此需要分别构建每种建筑类型的数学模型。将表 5–18 带入式（5–10）中，可得居住建筑的 *HIP* 日累计值数学模型；将表 5–21 带入式（5–10）中，可得商业和公共建筑用地的 *HIP* 日累计值数学模型。

（1）低层居住建筑用地：

$$HIP_{总}=(254.88+46.347X+2.013Y)-196.256D_C-172.74D_D-150.93D_E-249.825D_F-228.488D_G-315.453D_H \tag{5-13}$$

（2）多层和小高层居住建筑用地：

$$HIP_{总}=(229.573+75.513X+0.963Y)-196.256D_C-172.74D_D-150.93D_E-249.825D_F-228.488D_G-315.453D_H \tag{5-14}$$

（3）行列式高层居住建筑用地：

$$HIP_{总}=(253.307-53.114X+9.545Z)-196.256D_C-172.74D_D-150.93D_E-249.825D_F-228.488D_G-315.453D_H \tag{5-15}$$

（4）点式高层居住建筑用地：

$$HIP_{总}=(260.852-88.948X+10.323Z)-196.256D_C-172.74D_D-150.93D_E-249.825D_F-228.488D_G-315.453D_H \tag{5-16}$$

（5）商业和公共建筑用地：

$$HIP_{总}=(237.806-6.865X+10.639Z)-196.256D_C-172.74D_D-150.93D_E-249.825D_F-228.488D_G-315.453D_H \tag{5-17}$$

式（5–13）～式（5–17）中，C 为透水铺装，D 为草地，E 为树＋不透水铺装，F 为树＋透水铺装，G 为树＋草地，H 为水体，其面积比例分别为式中的 D_C、D_D、D_E、D_F、D_G 和 D_H。X 为建筑密度（%），Y 为建筑高度（m），Z 为容积率。

5.4 规则建模辅助评价控规热环境

HIP 日累计值数学模型可在 CE 软件中编辑为 CE 规则语言，在建成的控规三维模型基础上直接进行热环境评价，包括对控规整体方案的热环境评价以及对具体地块 *HIP* 日累计值的数据计算。

具体分为两个内容：第一为将 *HIP* 日累计值编入 CGA 语言中，实现根据控规指标（例如建筑密度、容积率、建筑高度，不透水铺装、透水铺装、草地、树木等用地比例）可联动计算出地块的 *HIP* 日累计值，并在 CE 检视窗口直接显示计算结果。第二为将 *HIP* 日累计值划分等级，分别表示不同的热环境情况，并在规则建模过程中通过三维地块模型的色彩直接反馈 *HIP* 日累计值等级。等级情况也可在 CE 检视窗口直接显示。本节将对第 4 章的南宁市 F 片区控规进行案例研究。

5.4.1 地块 *HIP* 日累计值计算

规则构建的控规方案三维模型为控规热环境评价提供了非常好的模型基础。通过第 4 章的研究表明，可利用 CE 规则建模方法对控规方案进行高效三维建模，同时使用 CGA 规则语言对控规指标进行描述后可在检视窗口实时显示各类控规指标。在该模型上增加对 *HIP* 日累计值数学模型及数学模型中涉及的材料做 CGA 描述，即可实现对 *HIP* 日累计值的联动计算。

从获得的 *HIP* 日累计值的数学模型可知 *HIP* 值与建筑使用性质（设计控规指标为建筑密度、容积率和建筑限高）、地块内部材质（设计控规指标为每种材质的面积比例）。对于建筑的建筑密度、容积率、建筑限高，在第 4 章中已经在 CGA 中做出描述和定义，可直接在 CE 检视窗口进行选择和显示。对于地块内部材质，控规一般只会对地块内的建筑和绿地做规定，而不会对不透水铺装、透水铺装、水体、树木做设定。但是目前已经有一些控规开始对地块内的透水铺装覆盖率做规定，例如南宁市在提倡海绵城市建设过程中，新区的控规需要对地块内部透水铺装面积做下限规定。因此本研究将对所有材质及其面积做描述，在使用过程中可根据实际情况选择需要用到的指标。

新建规则，命名为“热环境评价”，对 *HIP* 日累计值的相关 CGA 描述将在该规则中进行保存。首先对地块的基本信息进行定义，包括地块编号（Plot number）、用地代码及名称（Landuse）、面积（Area）。

其次对 *HIP* 日累计值计算公式中涉及的建筑面积比例（Building）、建筑容积率（FAR）、建筑限高（Max Height）、不透水铺装面积比例（Impervious pavement）、透水铺装（Pervious pavement）、草地（Grass）、水体（Water）、树木＋不透水铺装（Tree Impervious pavement），树木＋透水铺装（Tree Pervious pavement）、树木＋草地（Tree Grass）做描述和属性定义。为了方便对不同材质用地比例值设定，定义草地、树＋不透水铺装、树＋透水铺装、树＋草地的面积比例之和等于绿地率（Green ration）；定义所有材质用地比例值之和为总用地比例（Total）。在设置具体面积比例时，草地、树＋不透水铺装、树＋透水铺装、树＋草地的面积比例之和应等于控规的绿地率值；所有面积比例之和应等于 1。

最后将 *HIP* 日累计值计算公式用 CGA 描述，其中 *HIP*1 为无建筑的实体均质材料用地的 *HIP* 日累计值，计算公式对应式（5–12），*HIP*2 为低层居住建筑用地的 *HIP* 日累计值，计算公式对应式（5–13），*HIP*3 为多层和小高层居住建筑用地的 *HIP* 日累计值，计算公式对应式（5–14），*HIP*4 为行列式高层居住建筑用地的 *HIP* 日累计值，计算公式对应式（5–15），*HIP*5 为点式高层居住建筑的 *HIP* 日累计值，计算公式对应式（5–16），*HIP*6 为商业和公共建筑的 *HIP* 日累计值，计算公式对应式（5–17）。

通过以上描述，可在 CE 的模型检视窗口直接显示 *HIP* 日累计值计算结果，以南宁市 F 片区的控规为例研究热环境形成情况。然而该片区的控规只对开发建设做了常规控制，未对透水铺装率、乔木覆盖率等指标做控制。随着南宁市海绵城市建设的推进，很多新区的控规需要考虑透水铺装和植物搭配。因此为了对用地的分配更加科学和有依据，本研究参考南宁市海绵城市相关要求对指标进行细分。为了提高计算精度，将绿地率分配为草地、树木＋透水铺装、树木＋草地、树木＋不透水铺装，保证四者的面积比例之和等于绿地率即可；再对没有树木的透水铺装和不透水铺装进行面积比例分配，保证所有用地的面积率之和为 1。

对F片区进行控制指标细分。以地块凤010301为例，在CE检视窗口进行指标设定。由于该地块已经按照控规指标进行了规则建模，因此只需对控制指标进行属性挂接，则可自动识别建筑密度、容积率、建筑高度等数据，如图5-17所示。从该地块的控制指标中可知该地块为高层居住小区，因此参考*HIP*日累计值为*HIP*4（行列式高层居住建筑用地）和*HIP*5（点式高层居住建筑用地）。从计算结果可知，该地块建成后的*HIP*日累计值的最高值介于165.4～166.0℃。而通过修改该地块建筑生成的规则，可得到行列式和点式两个满足控规要求的三维模型，如图5-18所示，实现在获得控规方案三维模型的同时可高效评价地块的热环境情况。该方式非常直观且符合规划人员的思维方式和工作程序。

<table>
<tr><td colspan="2">地块编号</td><td colspan="2">凤
010301</td></tr>
<tr><td colspan="2">用地代码及名称</td><td colspan="2">R2二类居住用地</td></tr>
<tr><td colspan="2">面积（m²）</td><td colspan="2">26738</td></tr>
<tr><td colspan="2">建筑容积率</td><td colspan="2">3.3</td></tr>
<tr><td colspan="2">建筑密度（%）</td><td colspan="2">27.2</td></tr>
<tr><td colspan="2">适建高度（m）</td><td colspan="2">80</td></tr>
<tr><td rowspan="4">绿地率
(%)</td><td>草地率</td><td>8</td><td rowspan="4">36</td></tr>
<tr><td>树+透水铺装率</td><td>10</td></tr>
<tr><td>树+不透水铺装率</td><td>10</td></tr>
<tr><td>树+草地率</td><td>8</td></tr>
<tr><td colspan="2">透水铺装率（%）</td><td colspan="2">20</td></tr>
<tr><td colspan="2">不透水铺装率（%）</td><td colspan="2">16.8</td></tr>
</table>

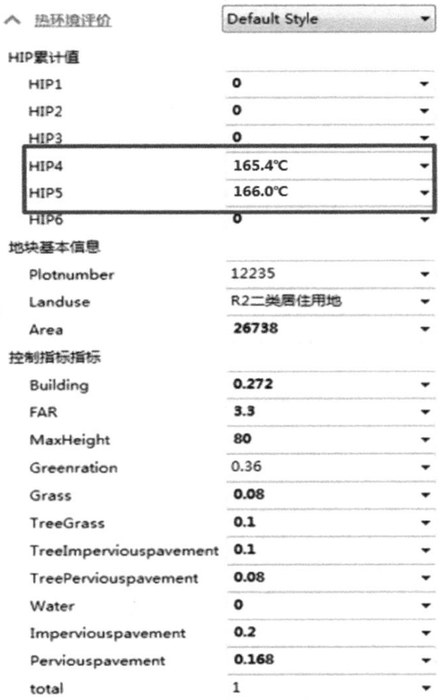

热环境评价	Default Style
HIP累计值	
HIP1	0
HIP2	0
HIP3	0
HIP4	165.4℃
HIP5	166.0℃
HIP6	0
地块基本信息	
Plotnumber	12235
Landuse	R2二类居住用地
Area	26738
控制指标指标	
Building	0.272
FAR	3.3
MaxHeight	80
Greenration	0.36
Grass	0.08
TreeGrass	0.1
TreeImperviouspavement	0.1
TreePerviouspavement	0.08
Water	0
Imperviouspavement	0.2
Perviouspavement	0.168
total	1

图5-17 在CE检视窗口根据控规控制指标设置参数

采取同样的方法，将“热环境评价”规则赋予到F片区的其他地块模型上，并在检视窗口中对相关控制指标进行设置，则可直接计算出每个地块的*HIP*日累计值。该方法可根据控规指标获得对应的三维模型，并快速获得热环境评价指标 *HIP* 日累计值，便捷直观地辅助规划师分析控规对地块热环境的作用。

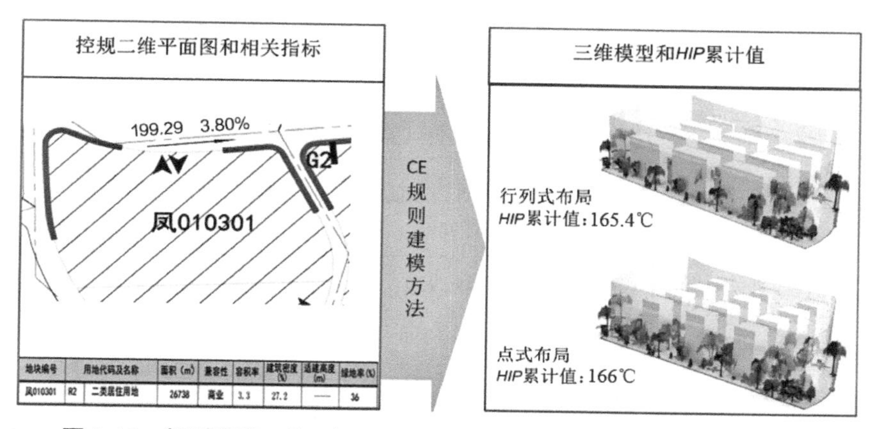

图 5-18 规则建模三维可视化获取对应 *HIP* 日累计值（彩图详见附录）

5.4.2 地块热环境等级评价

控规热环境评价不仅需要计算单独地块的 *HIP* 日累计值，也需要对其等级进行评价，从而从整体分析控规方案的热环境情况。以下将对 *HIP* 日累计值进行热环境等级划分，并用不同色彩表示不同等级。再利用 CGA 规则语言对热环境等级划分进行编辑描述，从而实现根据每个地块的 *HIP* 日累计值获得不同色彩的三维地块模型，直观地区分每个地块的热环境等级。

对热环境等级的划分实际依据 *HIP* 日累计值进行。城市 *HIP* 日累计值一般处于 −10～230℃，其中水体面积多的用地 *HIP* 日累计值在 70℃以下；草地和树木为主的公园绿地的 *HIP* 日累计值一般在 70～130℃；而以建筑为主的用地 *HIP* 日累计值在 130～180℃；而对于面积大的不透水铺装，日累计值会达到 180℃以上。

因此本研究根据不同用地 *HIP* 日累计值的一般情况，给出如表 5-24 所示的热环境等级划分。一级～四级表示地块对加剧城市热岛效应的能力逐渐加强。一级通常是以绿地和水体为主的公园绿地，其对城市热环境有缓解作用，或是对城市热岛效应的形成作用不强；二级通常为绿化率和透水铺装率非常高的城市建设用地，其对城市热岛效应形成作用不强；三级通常是正常绿化率，以不透水铺装为主的城市建设用地，其对城市热岛效应形成有较强的促进作用；四级通常是建筑密度和容积率非常高，且绿化率和透水铺装率较低的城市建设用地，其对城市热岛效应形成有很强的促进作用。

城市热环境等级划分（彩图详见附录） 表 5-24

热环境等级	*HIP* 日累计值（℃）	等级色彩	色彩代码
一级（Level 1）	$HIP_{总} \leq 70$		#1E90FF
二级（Level 2）	$70 < HIP_{总} \leq 130$		#7CFC00
三级（Level 3）	$130 < HIP_{总} \leq 180$		#FFC125
四级（Level 4）	$180 < HIP_{总}$		#FF3030

通过以上定义，可根据每个地块的 *HIP* 日累计值设定不同的热环境等级。以南宁市 F 片区为例进行案例研究，在该片区已建成的控规方案三维模型上再赋予以上规则，并根据每个地块的 *HIP* 日累计值设定热环境等级，得到如图 5–19 所示的热环境评价图。

图 5–19　F 片区热环境等级划分模型（彩图详见附录）

从图 5–19 中可知，该片区大多数地块为三级热环境，*HIP* 日累计值在 130～180℃。主要为有建筑的用地，包括居住用地、商业用地、行政办公用地等，对城市热岛效应形成有较强的促进作用。其次处于一级热环境的地块也较多，*HIP* 日累计值在 70℃以下，主要为水体用地、绿地公园用地、防护用地、道路绿化用地等，对缓解城市热环境有一定的作用。说明 F 片区在控规编制过程中重视了对自然环境的保护及增加城市舒适空间的塑造；该片区的二级热环境也较多，即 *HIP* 日累计值在 70～130℃。二级热环境的地块主要为学校用地、绿化率高的低层居住用地、建筑密度和容积率高且绿化率高的用地，该类用地的城市热环境效应较好，对城市热岛效应形成有较小的促进作用；该片区处于四级热环境较少，即 *HIP* 日累计值在 180℃以上的用地。这些地块主要为仓储物流用地、交通站场用地、小面积且绿化率不高的建设用地，该类用地热环境较差，会加速城市热岛的形成。

该评价不仅可以从地块上直观评价城市热环境情况，还可以结合规则构建的三维建筑模型、三维绿地模型等综合分析城市热环境与城市景观、布局等环境的关系。该方法将控规从二维平面转为三维模型，且便捷直观地评价城市热环境，对合理科学地制定控规相关要求和指标有一定的辅助作用。

第6章　结论

控规的控制指标具有很强的三维属性，控制指标事实上是在三维空间划分了城市的开发建设边界。从城市物理环境来说，特别是对于城市的风环境和热环境而言，它们均产生于城市的三维空间，城市三维空间的组成和各种材质的搭配直接影响城市风环境和热环境的形成，可以说城市风环境和热环境的优劣与控规的控制指标息息相关。然而目前我国的城市控规在编制过程中往往是以二维平面的形式进行表达，虽然配以城市设计做三维引导，但缺少真正意义上的三维空间结合。同时目前控规在编制过程中也缺少对方案产生的风环境和热环境影响做考虑。

为此，本研究提出了利用参数化规则建模方法对控规方案进行三维建模，并在构建的三维模型基础上探讨如何辅助控规方案分析其风环境和热环境。对于如何分析控规风环境，本研究提出了将规则建模方法与城市围合度方法进行结合的分析方法。对于如何分析控规热环境，本研究将控规指标与城市热岛潜在强度的日累计值关系归纳为简化的数学模型，通过规则建模方法将简化的数学模型进行描述并反馈在控规三维模型中，实现同步联动评价控规地块的热环境情况。

为实现上述研究目的，研究需要解决以下问题：控规阶段的三维模型是什么及建模内容和对应的精度要求是什么；如何用规则建模方法构建控规三维模型；如何利用规则建模方法构建的三维模型辅助分析与评价控规的风环境和热环境。为解决上述问题，本研究对以下四个方面展开研究，并分别取得对应的研究成果。

1. 控规方案三维模型属性研究

由于目前对控规方案三维模型是什么、包括什么内容、模型要求等方面尚无准确定义，因此本书首先对控规三维模型的属性进行研究。

结合控规三维模型的价值取向，定义控规方案三维城市模型是基于控规规划方案建立的一种符合控制指标要求、国家相关标准及构筑物基本形态认识的城市基本三维形态模型，该模型的三维形态与控制指标联动变化，可辅助在控规编制过程中实时分析规划方案的三维空间效果及对城市环境带来的影响。归纳控规三维模型具有以城市整体布局表现为重点，微观层面表现为配合；具备一定的规律性和重复性；具备一定的弹性和引导性的特征。总结整理了控规方案三维模型的要素应包含五个方面：地形模型、道路模型、地块模型、建筑模型和植被模型，并建议控规方案三维城市模型的细节层次以 LOD1 和 LOD2 为主。

本研究成果为后续利用基于规则的建模方法构建控规方案三维模型提供理论基础，为建模过程中需要用到什么控规指标、规则语言需要描述到什么程度等问题提供参考依据。

2. 规则建模方法构建控规方案三维模型

通过控规三维模型属性研究可知，规则建模方法非常适宜控规阶段的三维建模工作。由于如何采用该方法构建控规三维模型尚无研究先例，因此本研究首先对如何利用规则建模方法构建控规三维模型做了详细的研究。

首先基于控规三维模型的属性设置，提出控规模型需要建立地形模型、地块模型、道路模型、建筑模型和植被模型五个内容，并对每一种建模内容对应表达的控制指标和模型细节层次做了归纳总结。其次引入 CE 规则建模方法，重点讨论如何将该建模方法与控规方案三维建模进行结合。基于该建模方法可与 GIS 无缝结合、CGA 规则驱动建模和动态智能编辑与布局的关键技术以及高效批量建模的优势，提出 CE 批量建模性质可与控规的低精度建模性质相结合，CGA 规则语言描述特性可与控规控制指标相结合。研究整理了采用 CE 规则建模构建控规方案三维模型包括数据准备与处理、构建地形模型、CGA 规则编写、模型生成与输出四个步骤。最后以南宁市 F 片区控规为例进行案例研究，采用 CE 规则建模方式构建该片区的控规三维模型。将 F 片区控规内容融入构建的三维城市模型中，实现了控制指标与三维模型同步变化，由此可辅助规划师和管理者查询管理地块设计和开发建设。

本研究成果为如何利用规则建模方法高效构建控规三维模型提出了具体操作方法，构建了满足控规阶段需求的方案三维模型，且为控规风环境和热环境评价提供了三维可视化模型基础。

3. 规则建模方法辅助分析控规方案风环境

基于城市围合度分析城市通风的方法已提出很长时间，但由于提取设计阶段方案的空间数据较为复杂，该方法的研究并未被深入下去。而参数化规则建模方法则在高效构建精度不高的三维城市模型方面具有极大的优势，可为城市围合度通风分析方法提供模型基础。因此本研究探讨如何将这两种方法进行有效结合，以辅助分析控规方案风环境。

通过将这两种方法相结合，提出了一种易操作的判断城市通风效果的方法，即通过规则建模方法高效构建控规方案的三维基础模型，实现便捷提取城市不同方向的剖面数据，为获得城市围合度提供数据基础，以此分析城市和不同片区的城市通风情况。首先对基于城市围合度方法进行分析，找出其目前存在难以获得围合度数据的问题，并提出可利用规则建模方法解决该问题。其次基于城市围合度的城市通风分析方法，选取影响城市通风的控规控制指标。然后基于城市控规和城市设计方案，利用规则高效建立控规的建筑三维体块，并对不同分区的建筑标注色彩区分用地性质。在完成建模的三维模型的基础上划分整个城市和各个分区的垂直剖面，提取剖面面积数据，并绘制城市围合度图。最后将城市围合度图与城市风玫瑰图叠加，用此叠加图分析整个城市和各个分区的通风情况，并提出了优化建议。此外，通过研究发现，若规则建模软件 CE 能集成剖面面积提取功能，将减少导入 SU 模型的工作量，使该城市通风分析方法更加简便。

本研究成果表明，通过将城市围合度理论与规则建模相结合，充分发挥了规则高效建模的特性和优势，也弥补了围合度指标提取烦琐和不直观的问题，为利用规则建模方法高效分析控规方案通风情况提供了一种新思路，同时拓展了控规三维模型的用途。

4. 规则建模方法辅助分析控规方案热环境

很多研究提出控规的控制指标与城市热环境有一定的定量关系，故本研究从已有研究基础出发，提出若能将控规的定量关系利用规则语言描述出来，则可以辅助评价控规方案的热环境。由于目前尚无研究将控制指标与热环境的定量关系完整地总结出来，因此本研究首先将此定量关系总结为数学模型，再利用规则建模手法描述该数学模型。

通过公式推导，得到城市要素对 *HIP*（城市热岛潜在强度）日累计值的影响与其材质及所占地块面积比例有关。为了获得单位面积建筑要素的 *HIP* 日累计值，提出将建筑与不透水铺装进行结合做单元地块设计，获得的 *HIP* 日累计值为建筑与不透水铺装两者对城市热环境的共同作用。而在混合用地中，可通过增加固定面积的其他用地的 *HIP* 日累计值与减掉同样面积的不透水铺装 *HIP* 日累计值的方法获得最终 *HIP* 累计结果。此方法解决了不能单独获得建筑地块 *HIP* 日累计值的问题。对实体均质要素和建设要素进行了单元地块设计，并对此进行热环境数值模拟计算。利用多元线性回归分析法对热环境数值模拟结果进行分析，得到不同用地的热环境评价数学模型，具体可分为无建筑用地的实体均质用地热环境评价模型、低层居住建筑用地热环境评价模型、多层和小高层居住建筑用地热环境评价模型、行列式高层居住建筑用地热环境评价模型、点式高层居住建筑用地热环境评价模型、商业和公共建筑用地热环境评价模型。最后利用 CE 规则建模语言 CGA 对获得的热环境数学模型进行描述，实现了利用规则控制指标做属性链接，可以根据地块的控制指标获得地块的 *HIP* 日累计值；通过利用规则语言描述等级划分要求和表现形式，实现了基于三维地块模型评价地块的热环境等级。

本研究成果总结了各类用地与城市热环境评价指标的数学模型，可根据指标就能评价控规热环境，提供了一种便捷的热环境评价方法。同时将该数学模型编入规则语言，为利用规则建模方法分析控规方热环境提供了一种思路，拓展了控规三维模型的用途。

5. 研究适用性和展望

本书介绍了如何利用规则建模方法构建控规三维模型，以及如何利用规则建模方法辅助控规进行风环境和热环境分析展开的研究，该研究的着眼点在于如何构建和应用控规方案的三维模型，所得的研究成果具有一定的适用范围。

首先，该研究提出的规则建模方法适用于控规层次的三维建模工作，即建模范围大且建模精度要求不太高，并不适用于建模范围小且建模精度要求高的情况。控规要求下的城市三维空间是一种满足控规各项规定要求的基础模型，其地形模型、道路模型、地块模型、建筑模型和植被模型并不需要展示模型的细节形态，只要满足控规指标要求且符合行业认知即可。这样的要求刚好与规则建模可批量建模、重复利用规则的特点相匹配。规则的语言可把控规的控制指标定量准确地描述出来，并转化成三维空间，实现指标与控规的联动变化。可以说采用规则建模方法构建控规模型可最大化地利用规则建模方法的优势，同时最符合控规控制指标三维可视化的要求。若跳出控规阶段的三维建模情景，当需要构建更加精细的城市三维模型时，规则建模方法的优势将大大降低。若建模面积小且模型精度高，意味着模型差异性大且细节烦琐，将无法重复利用规则。规则建模方法的建模原理和关键技术注定其在语言描述方面花的时间和精力成本大大高于其他步骤时间，不能重复利用规则等于要花大量时间编辑规则语言，其建模效率将不如手工交互式三维建模。

其次，本研究提出将规则建模辅助评价控规方案通风情况的方法适用于控规初期阶段。将基于城市围合度方法结合辅助分析控规通风的方法重点在于探讨城市构筑物对城市通风的影响，并不能全面分析风环境的形成因素及具体风环境指标（例如风速、风压等）。该方法主要探讨城市构筑物阻碍通风的情况，利用规则建模方式高效构建符合控规控制指标要求的城市三维基本模型，从而为提取构筑物剖面指标提供基础模型，以分析城市实体形态在不同方位上的封闭度，即阻碍风通过的能力。由于只考虑物理形态的封闭和开放情况，并不考虑气候条件，也不用任何数学模型，因此该方法可较为快速地辅助规划师权衡控制指标下构筑物对城市通风的影响情况，对于规划设计初期阶段有很重要的应用价值。但若要对城市风环境做进一步详细分析研究，例如探讨气候环境与城市风环境关系或探讨城市构筑物对风速分布和风压的影响，本研究方法具有局限性，此时建议利用传统的风场数值模拟方法做详细研究。

最后，本研究提出的规则辅助评价控规热环境的方法适用于当热环境评价指标为 *HIP* 日累计值的情景，同时该热环境评价方法只适用于控规阶段的热环境评价。该研究方法的核心是利用规则建模描述控规指标与热环境关系的数学模型，从而实现构建控规模型的同时评价城市热环境。而控规指标与热环境关系的数学模型的推导是基于 *HIP* 日累计值指标的叠加性，通过公式推导可知城市不同材质要素对地块的 *HIP* 日累计值影响具有叠加性，通过所占面积的正负叠加可计算出不同材质组合的 *HIP* 日累计值。此时 *HIP* 日累计值与各种材质和控制指标的关系较为明确，可用规则进行描述。若将 *HIP* 日累计值换成其他热环境评价指标，例如城市热岛强度（*HII*）时，由于 *HII* 的形成影响因素更加复杂，无法将各种材质要素对 *HII* 的影响总结为简化的数学模型，则无法利用规则对其进行描述。此外，本书以南宁市夏季为案例，得到评价控规夏季热环境的简化预测计算方程式，仅适用于南宁地区。对于其他地区的应用，需要用拟分析对象地区的气候条件数据做同样的多元线性回归分析得到适合该地区的回归方程系数。因此，利用 *HIP* 日累计值作为热环境评价指标仅适合于不考虑地块具体设计和布局的情景。控规只对地块内部的建设开发和环境容量做规定，规定什么可以做、什么不可以做，并不会具体规定要如何做。例如控规规定地块的建筑密度、容积率、建筑高度和绿地率，并不会具体规定建筑和绿地要如何布局和设计。因此在控规要求下，实际建设只要保证满足国家和地区相关标准即可。而 *HIP* 日累计值的公式推导得到的结果与控规对地块的控制思路相符，*HIP* 日累计值只关注不同材质用地的正负叠加情况，并不考虑材质如何组合、组合的空间布局是怎样的。因此对于考虑具体设计的地块热环境评价而言，即需要考虑建筑、绿地、水体、硬质铺装的具体布局和组合形式时，需要考虑各要素组合对热环境的影响，此时基于 *HIP* 日累计值的叠加组合推导的数学模型就具有局限性，并不适用于该类情景。

本研究已经对如何利用规则建模方式构建控规三维模型做了深入研究，并提出了具体规则描述语言，为规则构建控规三维模型提供了具体操作方法。完成的规则模型在辅助分析控规方案合理性和科学性方面具有很大的应用潜力。本研究仅以风环境和热环境为例进行了深入探讨，事实上规则建模方法在辅助分析控规方案景观分析、日照分析、声环境分析等方面均有应用潜力。随着我国对城市可持续发展的需求，如何将控规编制得更加合理、科学变得越来越重要。采用规则建模方法将控规从二维平面转变为三维空间，且能定量地辅助分析各种城市环境，是未来为促进控规方案变得更加合理、科学的一个值得深入探讨的研究方向。

参考文献

[1] Zhang P, Yuan H, Tian X. Sustainable development in China: Trends, patterns, and determinants of the “Five Modernizations” in Chinese cities[J]. Journal of Cleaner Production. 2019, 214: 685-695.

[2] 孙施文. 基于城市建设状况的总体规划实施评价及其方法 [J]. 城市规划学刊, 2015 (3): 9-14.

[3] Zhou X, Lu X, Lian H, et al. Construction of a Spatial Planning system at city-level: Case study of “integration of multi-planning” in Yulin City, China[J]. Habitat International, 2017, 65: 32-48.

[4] 夏南凯，控制性详细规划 [M]. 北京：中国建筑工业出版社，2011.

[5] 何明俊. 改革开放 40 年空间型规划法制的演进与展望 [J]. 规划师, 2018, 34 (10): 14-19.

[6] 骆燕文，何江. “城市引擎”规则建模在城市规划中的作用与特点 [J]. 国际城市规划, 2017 (3): 106-112.

[7] 刘海燕，卢道典. 我国 4 种典型城市设计体制比较及优化对策 [J]. 规划师, 2018, 34 (5): 102-107.

[8] Oke T R. The distinction between canopy and boundary-layer urban heat islands[J]. Atmosphere, 1976, 14(4) : 268-277.

[9] Oke T R. City size and the urban heat island[J]. Atmospheric Environment (1967), 1973, 7(8): 769-779.

[10] Cuevas S C, Peterson A, Robinson C, et al. Institutional capacity for long-term climate change adaptation: evidence from land use planning in Albay, Philippines[J]. Regional Environmental Change, 2016,16(7): 2045-2058.

[11] 王炯. 城市地表热环境动态分析及优化策略建议 [D]. 武汉：武汉大学，2016.

[12] Du Y, Mak C M, Li Y. A multi-stage optimization of pedestrian level wind environment and thermal comfort with lift-up design in ideal urban canyons[J]. Sustainable Cities and

Society, 2019, 46: 1-14.

[13] Ren C, Yang R, Cheng C, et al. Creating breathing cities by adopting urban ventilation assessment and wind corridor plan —— The implementation in Chinese cities[J]. Journal of Wind Engineering and Industrial Aerodynamics, 2018, 182: 170-188.

[14] Luo Y, He J, Ni Y. Analysis of urban ventilation potential using rule-based modeling[J]. Computers, Environment and Urban Systems, 2017, 66: 13-22.

[15] Steiner F，古佳玉．城市生态设计与规划研究前沿［J］．城市规划学刊，2016，(3)：120-121．

[16] 岳文泽，刘学．基于城市控制性详细规划的热岛效应评价［J］．应用生态学报，2016，(11)：3631-3640．

[17] 叶祖达，刘京，王静懿．建立低碳城市规划实施手段：从城市热岛效应模型分解控规指标［J］．城市规划学刊，2010，(6)：39-45．

[18] Zhang J, Wu L. The influence of population movements on the urban relative humidity of Beijing during the Chinese Spring Festival holiday[J]. Journal of Cleaner Production, 2018, 170: 1508-1513.

[19] Ashtiani A, Mirzaei P A, Haghighat F. Indoor thermal condition in urban heat island: Comparison of the artificial neural network and regression methods prediction[J]. Energy and Buildings, 2014, 76(Supplement C): 597-604.

[20] 朱岳梅，刘京，李炳熙，等．城市规划实践中的热气候评价［J］．哈尔滨工业大学学报，2011，(6)：61-64．

[21] 王方雄，温爱博．城市三维形态与热环境的相关关系研究——以大连市金普新区为例［J］．国土与自然资源研究，2016，(4)：70-72．

[22] 孙澄宇，罗启明，宋小冬，等．面向实践的城市三维模型自动生成方法——以北海市强度分区规划为例［J］．建筑学报，2017，(8)：77-81．

[23] Nazarian N, Fan J, Sin T, et al. Predicting outdoor thermal comfort in urban environments: A 3D numerical model for standard effective temperature[J]. Urban Climate, 2017, 20: 251-267.

[24] El-Hakim S F, Brenner C, Roth G. A multi-sensor approach to creating accurate virtual environments1Revised version of a paper presented at the ISPRS Commission V Symposium, June 2-5, 1998, Hakodate, Japan.1[J]. ISPRS Journal of Photogrammetry and Remote Sensing, 1998, 53(6): 379-391.

[25] Zhou Y, Dao T H D, Thill J, et al. Enhanced 3D visualization techniques in support of indoor location planning[J]. Computers, Environment and Urban Systems, 2015, 50: 15-29.

[26] 宫蕴瑞．城市区域发展和治理的科学决策工具——从宏观到微观、静态到动态、大尺度到小尺度的城市建模［J］．城市发展研究，2016，(2)：91-97.

[27] He J, Huang X, Xi G. Urban amenities for creativity: An analysis of location drivers for photography studios in Nanjing, China[J]. Cities, 2018, 74: 310-319.

[28] Baig Z A, Szewczyk P, Valli C, et al. Future challenges for smart cities: Cyber-security and digital forensics[J]. Digital Investigation, 2017, 22: 3-13.

[29] Park Y, Guldmann J. Creating 3D city models with building footprints and LIDAR point cloud classification: A machine learning approach[J]. Computers, Environment and Urban Systems, 2019,75:76-89.

[30] 孙澄宇，李群玉，涂鹏．参数化生成与评价技术在面向太阳能的城市设计中的应用初探［J］．南方建筑，2014，(4)：34-38.

[31] 田莉，李经纬．高密度地区解决土地问题的启示：纽约城市规划中的土地开发与利用［J］．北京规划建设，2019，(1)：88-96.

[32] Schnabel M A, Zhang Y, Aydin S. Using Parametric Modelling in Form-based Code Design for High-dense Cities[J]. Procedia Engineering, 2017, 180: 1379-1387.

[33] Jesus D, Patow G, Coelho A, et al. Generalized selections for direct control in procedural buildings[J]. Computers & Graphics, 2018, 72: 106-121.

[34] 黄潇．街区外廓形态的三维控制与引导方法［D］．南京：东南大学，2016.

[35] Durdurana S S, Temiza F. Creating 3D Modelling in Urban Regeneration Projects: The Case of Mamak, Ankara[J]. Procedia Earth and Planetary Science, 2015,15:442-447.

[36] 江梓杉，梁雪君．三维模型技术在控制性详细规划指标制定中的应用——以南宁AJ-05单元控制性详细规划及城市设计为例［J］．规划师，2016（S1）：67-71.

[37] 杜金莲，徐硕，赵枫朝．基于二维数字地图的三维城市建模方法研究［J］．系统仿真学报，2018，(10)：3710-3716.

[38] Ivanov S V, Lantseva A A. Evaluation of modal-choice rules through ground transportation modeling using subway data[J]. Procedia Computer Science, 2017, 119: 51-58.

[39] 周辉，钱美丽，冯金秋，孙立新．建筑材料热物理性能与数据手册［M］．北京：中国建筑工业出版社，2010.

[40] Tang L , Chen C , Huang H , et al. An integrated system for 3D tree modeling and growth simulation[J]. Environmental Earth Sciences, 2015, 74(10): 1-14.

[41] Liu L, Liu Y, Wang X, et al. Developing an effective 2-D urban flood inundation model for city emergency management based on cellular automata[J]. Natural Hazards & Earth System Sciences, 2015, 2(3): 6173-6199.

[42] 孙澄宇，罗启明，涂鹏，等．街坊尺度下建筑群体三维体量的自动生成方法初探[J]．城市建筑，2016，(1)：114-117.

[43] Wu H, Sun B, Li Z, et al. Characterizing thermal behaviors of various pavement materials and their thermal impacts on ambient environment[J]. Journal of Cleaner Production, 2018, 172: 1358-1367.

[44] Saldaña, Marie. An Integrated Approach to the Procedural Modeling of Ancient Cities and Buildings[J]. Digital Scholarship in the Humanities, 2015, 30(suppl_1): 248-252.

[45] Iino A. Hoyano A. Development of a method to predict the heat island potential using remote sensing and GIS data[J]. Energy and Building, 1996: 23(3): 199-205.

[46] Chen G , Esch G , Wonka P , et al. Interactive procedural street modeling[J]. Acm Transactions on Graphics, 2008, 27(3): 1-10.

[47] Lyu X, Han Q, de Vries B. Procedural modeling of urban layout: population, land use, and road network[J]. Transportation Research Procedia, 2017, 25: 3333-3342.

[48] Pottmann, Helmut, Liu, et al. Geometry of multi-layer freeform structures for architecture[J]. TOG, 2007, 26(3): 65-1—65-11.

[49] Peng L, Liu L, Long T, et al. An efficient truss structure optimization framework based on CAD/CAE integration and sequential radial basis function metamodel[J]. Structural and Multidisciplinary Optimization, 2014, 50(2): 329-346.

[50] Silveira I, Camozzato D, Marson F, et al. Real-Time procedural generation of personalized facade and interior appearances based on semantics[C]// Brazilian symposium on computer games & Digital entertainment. IEEE, 2015.

[51] Sameeh El Halabi A, El Sayad Z T, Ayad H M. VRGIS as assistance tool for urban decision making[J]. Alexandria Engineering Journal, 2019,58(1): 367-375.

[52] Richthofen N , Knecht N , Miao N , et al. The ‘Urban Elements’ method for teaching parametric urban design to professionals[J]. Frontiers of Architectural Research, 2018, 7(4): 573-587.

[53] Machete R, Falcão A P, Gomes M G, et al. The use of 3D GIS to analyse the influence of urban context on buildings' solar energy potential[J]. Energy and Buildings, 2018, 177: 290-302.

[54] Grêt-Regamey A, Celio E, Klein T M, et al. Understanding ecosystem services trade-offs with interactive procedural modeling for sustainable urban planning[J]. Landscape and Urban Planning, 2013, 109(1): 107-116.

[55] Koziatek O, Dragićević S. iCity 3D : A geosimualtion method and tool for three-dimensional modeling of vertical urban development[J]. Landscape and Urban Planning, 2017, 167: 356-367.

[56] Luo Y, He J, He Y. A rule-based city modeling method for supporting district protective planning[J]. Sustainable Cities and Society, 2017, 28: 277-286.

[57] Asawa T, Hoyano A, Nakaohkubo K. Thermal design tool for outdoor spaces based on heat balance simulation using a 3D-CAD system[J]. Building and Environment. 2008, 43(12): 2112-2123.

[58] Schnabel M A, Zhang Y, Aydin S. Using Parametric Modelling in Form-based Code Design for High-dense Cities[J]. Procedia Engineering, 2017, 180: 1379-1387.

[59] 杨丽．绿色建筑设计——建筑风环境［M］．上海：同济大学出版社，2014．

[60] Zhen M, Zhou D, Bian G, et al. Wind environment of urban residential blocks: a research review[J]. Architectural Science Review, 2019,62(1) : 66-73.

[61] Badas M G, Ferrari S, Garau M, et al. On the effect of gable roof on natural ventilation in two-dimensional urban canyons[J]. Journal of Wind Engineering & Industrial Aerodynamics, 2017, 162: 24-34.

[62] 朱侗．闽南地区石结构房屋夏季热环境测试与分析［D］．泉州：华侨大学，2017.

[63] 梅凌云，吴杰，张宇峰．单体建筑及建筑群表面风压计算的湍流模型研究［J］．建筑科学，2017，33（6）：96-107．

[64] Cui P, Li Z, Tao W. Wind-tunnel measurements for thermal effects on the air flow and pollutant dispersion through different scale urban areas[J]. Building and Environment, 2016, 97: 137-151.

[65] Toparlar Y, Blocken B, Maiheu B, et al. A review on the CFD analysis of urban microclimate[J]. Renewable and Sustainable Energy Reviews, 2017, 80: 1613-1640.

[66] Guo W, Xiao L, Xu Y. A Case Study on Optimization of Building Design Based on CFD

Simulation Technology of Wind Environment[J]. Procedia Engineering, 2015, 121: 225-231.

[67] Thordal M S, Bennetsen J C, Koss H H H. Review for practical application of CFD for the determination of wind load on high-rise buildings[J]. Journal of Wind Engineering and Industrial Aerodynamics, 2019, 186: 155-168.

[68] Priyadarsini R, Hien W N, David C. Microclimatic modeling of the urban thermal environment of Singapore to mitigate urban heat island[J]. Solar Energy, 2008, 82(8): 727-745.

[69] Hsieh C, Huang H. Mitigating urban heat islands: A method to identify potential wind corridor for cooling and ventilation[J]. Computers, Environment and Urban Systems, 2016, 57: 130-143.

[70] 沈娟君．基于CFD的城市通风廊道优化设计研究［D］．南京：南京信息工程大学，2018．

[71] Mikhailuta S V, Lezhenin A A, Pitt A, et al. Urban wind fields: Phenomena in transformation[J]. Urban Climate, 2017, 19: 122-140.

[72] Ali S, Taweekun J, Techato K, et al. GIS based site suitability assessment for wind and solar farms in Songkhla, Thailand[J]. Renewable Energy, 2019, 132: 1360-1372.

[73] 李彪．城市建筑群分布非均一性对风环境影响研究［D］．哈尔滨：哈尔滨工业大学，2016．

[74] 中国城市规划设计研究院．城市居住区规划设计标准：GB 50180—2018［S］．北京：中国建筑工业出版社，2018.

[75] Oke T R, Kalanda B D, Steyn D G. Parameterization of Heat-storage in Urban Areas[J]. Urban Ecology, 1981, 5(1) :45-54.

[76] Oke T R. City size and the urban heat island[J]. Atmospheric Environment, 2017, 7(8): 769-779.

[77] 周淑贞，郑景春，邵建民．上海城市气候中的混浊岛效应［J］．地理科学，1988，(4)：305-312，395．

[78] Tong S, Wong N H, Tan C L, et al. Impact of urban morphology on microclimate and thermal comfort in northern China[J]. Solar Energy, 2017, 155(Supplement C): 212-223.

[79] 蒋菁菁．城市商业地块与建筑布局模式研究［D］．南京：南京大学，2015．

[80] Lin P, Lau S S Y, Qin H, et al. Effects of urban planning indicators on urban heat island: a case study of pocket parks in high-rise high-density environment[J]. Landscape and

Urban Planning, 2017, 168: 48-60.

[81] Mushore T D, Odindi J, Dube T, et al. Remote sensing applications in monitoring urban growth impacts on in-and-out door thermal conditions: A review[J]. Remote Sensing Applications: Society and Environment, 2017, 8: 83-93.

[82] Seward A, Ashraf S, Reeves R, et al. Improved environmental monitoring of surface geothermal features through comparisons of thermal infrared, satellite remote sensing and terrestrial calorimetry[J]. Geothermics, 2018, 73: 60-73.

[83] Coutts A M, Harris R J, Phan T, et al. Thermal infrared remote sensing of urban heat: Hotspots, vegetation, and an assessment of techniques for use in urban planning[J]. Remote Sensing of Environment, 2016, 186: 637-651.

[84] Li L, Zha Y. Mapping relative humidity, average and extreme temperature in hot summer over China[J]. Science of The Total Environment, 2018, 615(Supplement C): 875-881.

[85] 刘琳，刘京，肖荣波，等. 城市局地气候的可视化评估及分析［J］. 哈尔滨工业大学学报，2017，(8)：109-115.

[86] 冯小恒，赵立华，杨小山，等. 室外热环境低空红外遥感观测方法研究［C］// 2010年建筑环境科学与技术国际学术会议论文集，2010：554-557.

[87] 孟庆林，王频，李琼. 城市热环境评价方法［J］. 中国园林，2014，(12)：13-16.

[88] Martins T A L, Adolphe L, Bonhomme M, et al. Impact of Urban Cool Island measures on outdoor climate and pedestrian comfort: Simulations for a new district of Toulouse, France[J]. Sustainable Cities and Society, 2016, 26: 9-26.

[89] Sokol N, Martyniuk-Peczek J. The Review of the Selected Challenges for an Incorporation of Daylight Assessment Methods into Urban Planning in Poland[J]. Procedia Engineering, 2016, 161: 2191-2197.

[90] Xu M. Impacts of Building Geometries and Radiation Properties on Urban Thermal Environment[J]. Procedia Computer Science, 2017, 108: 2517-2521.

[91] 陆莎. 基于集总参数法的室外热环境设计方法研究［D］. 广州：华南理工大学，2012.

[92] 邬尚霖. 建筑密度对街区热环境影响分析［J］. 华中建筑，2016，(8)：46-50.

[93] 饶峻荃. 广州地区街区尺度热环境与热舒适度评价［D］. 哈尔滨：哈尔滨工业大学，2015.

[94] 刘琳，刘京，肖荣波，等. 控规阶段的城区热环境评估分析软件［J］. 哈尔滨工

业大学学报，2017，(2)：92-97.
[95] 梁颢严，李晓晖，何朗杰. 广州城市尺度的热环境改善区划方法 [J]. 城市规划学刊，2013，(A01)：107-113.
[96] Ooka R. Recent development of assessment tools for urban climate and heat-island investigation especially based on experiences in Japan[J]. International Journal of Climatology, 2010, 27(14): 1919-1930.
[97] 曾忠忠，侣颖鑫. 基于三种空间尺度的城市风环境研究 [J]. 城市发展研究，2017，24 (4)：35-42.
[98] 柏春. 城市气候设计城市空间形态气候合理性实现的途径 [D]. 上海：同济大学，2015.
[99] 王晓云. 城市规划大气环境效应定量分析技术 [M]. 北京：气象出版社，2007.
[100] 陈光. 广州地区气候变化与城市扩张背景下城市热环境模拟方法研究与应用 [D]. 广州：华南理工大学，2016.
[101] 周雪帆，李保峰，陈宏. 城市高层化及高密度化发展模式对城市气候的影响研究 [J]. 城市建筑，2017，(1)：16-19.
[102] 吴志强，李德华. 城市规划原理 [M]. 北京：中国建筑工业出版社，2010.
[103] 应文，刘芳，戴辉自. 风热环境优化导向的湿热气候区城市设计研究——以重庆忠县水坪组团城市设计为例 [J]. 建筑与文化，2014，(12)：121-123.
[104] Alavipanah S, Schreyer J, Haase D, et al. The effect of multi-dimensional indicators on urban thermal conditions[J]. Journal of Cleaner Production, 2018, 177: 115-123.
[105] 王频，罗瑜斌，孟庆林，等. 基于热环境优化的中央商务区整体规划设计初探 [J]. 建筑科学，2017 (4)：85-93.
[106] 邬尚霖，孙一民. 城市设计要素对热岛效应的影响分析——广州地区案例研究 [J]. 建筑学报，2015，(10)：79-82.
[107] Kandya A, Mohan M. Mitigating the Urban Heat Island effect through building envelope modifications[J]. Energy and Buildings, 2018, 164: 266-277.
[108] Taleghani M, Tenpierik M, van den Dobbelsteen A, et al. Heat mitigation strategies in winter and summer: Field measurements in temperate climates[J]. Building and Environment, 2014, 81: 309-319.
[109] 夏南凯. 控制性详细规划 [M]. 北京：中国建筑工业出版社，2011.
[110] 武汉市国土资源和规划局. 城市三维建模技术规范：CJJ/T 157—2010 [S]. 北

京：中国建筑工业出版社，2011.

[111] 黄祥志，王栋，赵亚萌，等. 遥感数据空间尺度分级模型与基本比例尺关系 [J]. 遥感学报，2018，(4)：591-598.

[112] Wu C, Chiang Y. A geodesign framework procedure for developing flood resilient city[J]. Habitat International, 2018, 75: 78-89.

[113] Schwarz M, Pascal Müller. Advanced Procedural Modeling of Architecture[J]. ACM Transactions on Graphics, 2015, 34(4): 107:1-107:12.

[114] Trubka R, Glackin S, Lade O, et al. A web-based 3D visualisation and assessment system for urban precinct scenario modelling[J]. ISPRS Journal of Photogrammetry and Remote Sensing, 2016, 117: 175-186.

[115] Neuenschwander N, Wissen Hayek U, Grêt-Regamey A. Integrating an urban green space typology into procedural 3D visualization for collaborative planning[J]. Computers, Environment and Urban Systems, 2014, 48: 99-110.

[116] Moura A C M. Geodesign in Parametric Modeling of urban landscape[J]. Cartography & Geographic Information Science, 2015, 42(4): 1-10.

[117] 王晓川. 精明准则——美国新都市主义下城市形态设计准则模式解析 [J]. 国际城市规划，2013，28（6）：82-88.

[118] Trubka R, Glackin S. Modelling housing typologies for urban redevelopment scenario planning[J]. Computers, Environment and Urban Systems, 2016,57:199-211.

[119] Yuan C, Norford L, Britter R, et al. A modelling-mapping approach for fine-scale assessment of pedestrian-level wind in high-density cities[J]. Building & Environment, 2016, 97: 152-165.

[120] 赵云. 基于 SWOT 定量测度模型的县域旅游开发战略研究——以桂林市荔浦县为例 [J]. 大陆桥视野，2017，(20)：329-333.

[121] Stewart I D, Oke T R. Local Climate Zones for Urban Temperature Studies[J]. Bulletin of the American Meteorological Society, 2012, 93(12): 1879-1900.

[122] 刘琳. 城市局地尺度热环境时空特性分析及热舒适评价研究 [D]. 哈尔滨：哈尔滨工业大学，2018.

附录

为方便读者阅读和理解，本书在附录中按章节顺序对部分重要图表附上对应的彩图。

控规方案三维模型内容和细节层次 表 2-5

模型类型	细节层次	精度要求	示例
地形模型	LOD2 DEM + DOM （或城市设计底图）+ 构筑物基底	反映地形起伏特征和地表影像；DEM 网格单元尺寸不宜大于 30m×30m，DOM 或城市设计底图分辨率不宜低于 2m，构筑物基底基于不小于 1∶2000 等比例尺地形图或数字正射影像图为基准	
地块模型	LOD1 体块模型	根据地块基底形状生成体块模型，其高度和空间形态依据控制指标规定	
建筑模型	LOD1 体块模型	体块模型应根据城市不同建筑性质的平均基底面积生成体块，同时满足控规规定性指标（建筑密度、高度和容积率）的相关要求	
	LOD2 基础模型	应表现建模物屋顶及外轮廓的基本特征；建筑物基底宜不小于 1∶2000 等比例尺的地形图建筑轮廓线为依据；建筑高度可根据建筑性质采用对应的平均层高间接获得，也可通过航空或近景摄影测量、车载激光扫描、机载激光扫描等方式获得	

续表

模型类型	细节层次	精度要求	示例
道路模型	LOD2 道路面	表现道路走向和起伏状况，宜以不小于1∶2000等比例尺的地形图或数字正射影像图为基准，构建道路面的三维几何面	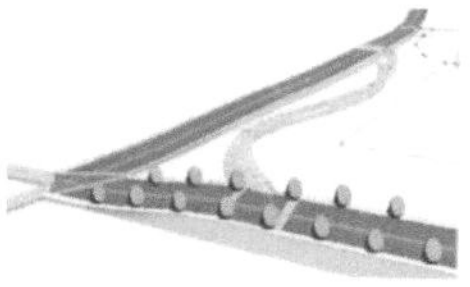
植被模型	LOD2 基础模型	采用单面片、十字面片或多片面的形式表现，宜采用标准纹理，基本反映树木的形态、高度	

图 3-4　CE 规则建模展示 1：5000 城市风貌

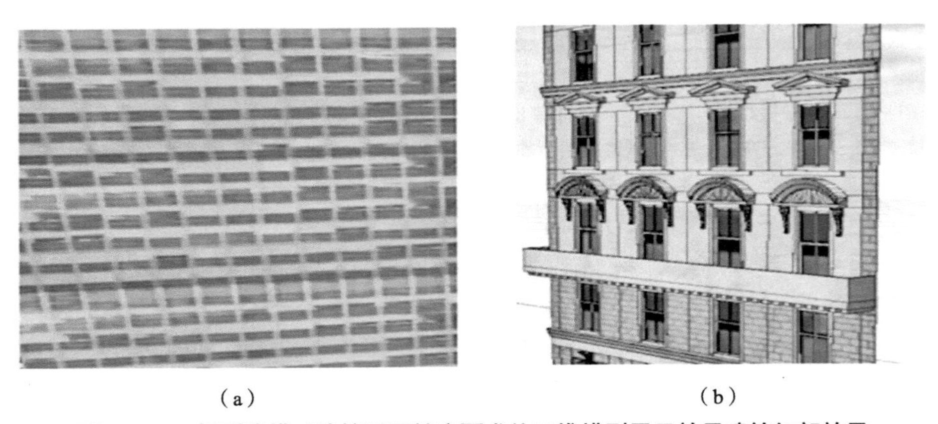

图 3-5　CE 规则建模对建筑不同精度要求的三维模型展示效果建筑细部效果

（a）1：1000 贴图建筑外立面精度低，规则简单；（b）1：100 凹凸形式建筑立面精度高，规则复杂

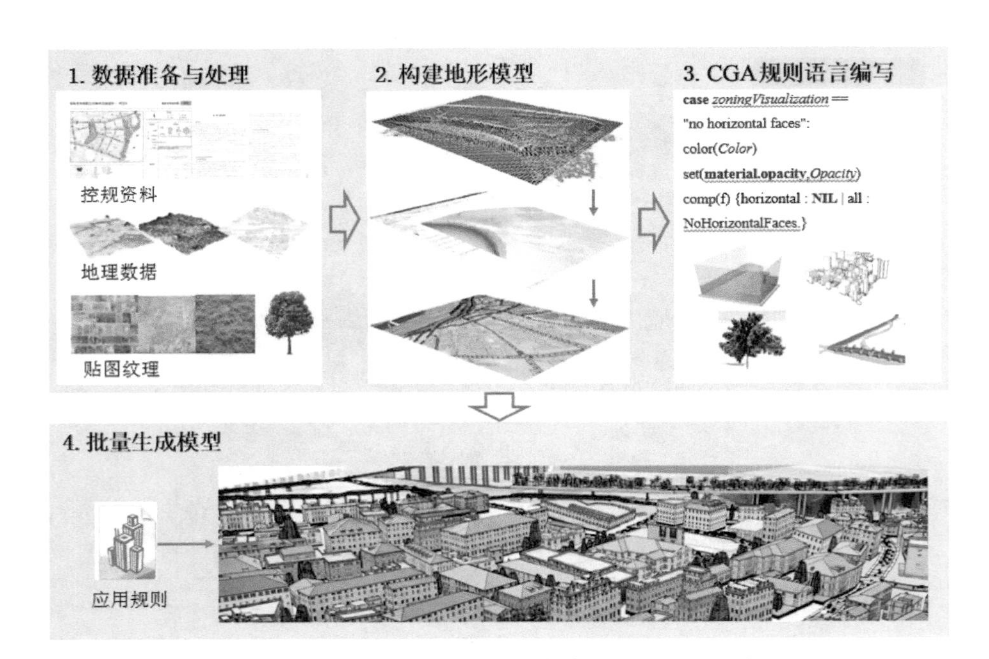

图 3-7　CE 规则建立控规三维模型步骤图示关系

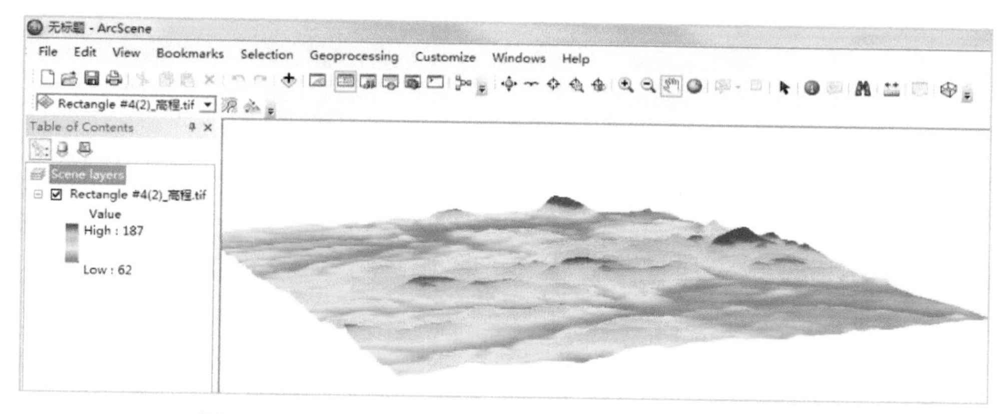

图 3-9 Arc Scene 中打开获取的数字高程数据并生成高度

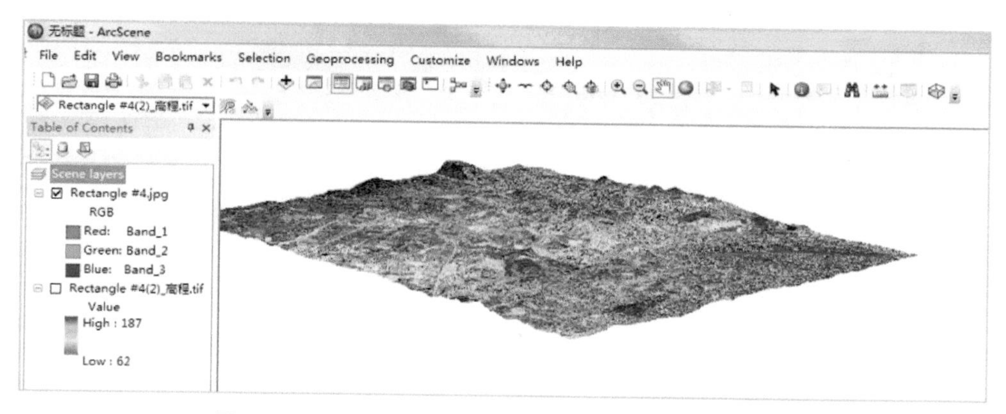

图 3-10 Arc Scene 中打开获取的数字正射影高程数据

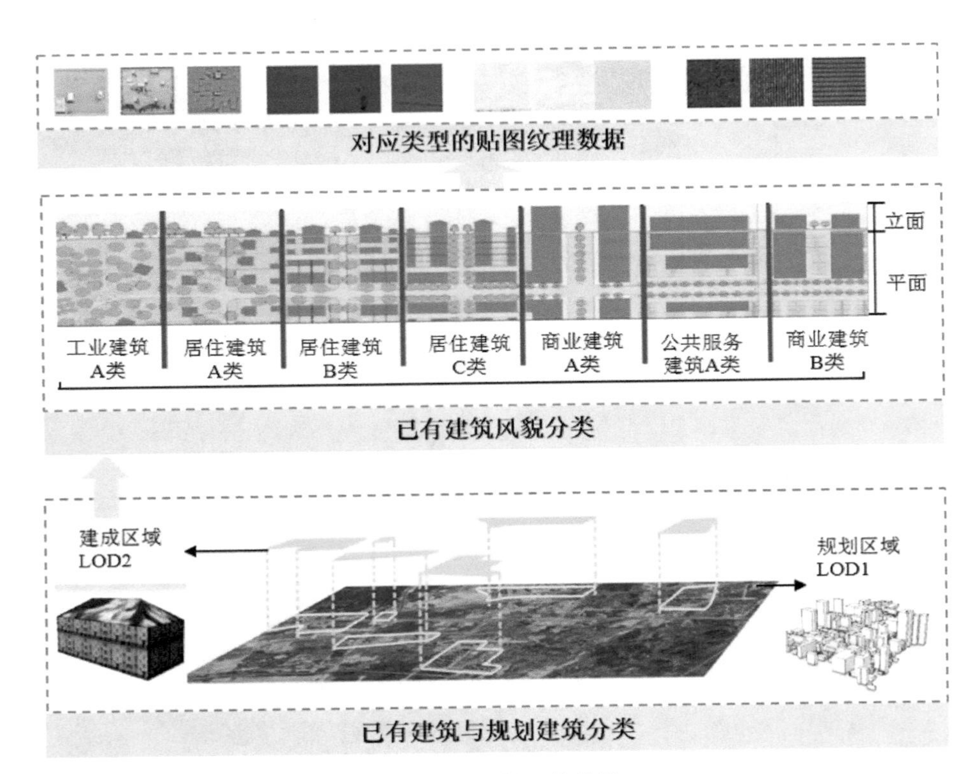

对应类型的贴图纹理数据
立面
平面
工业建筑A类
居住建筑A类
居住建筑B类
居住建筑C类
商业建筑A类
公共服务建筑A类
商业建筑B类
已有建筑风貌分类
建成区域LOD2
规划区域LOD1
已有建筑与规划建筑分类

图 3-13　建筑风貌分类

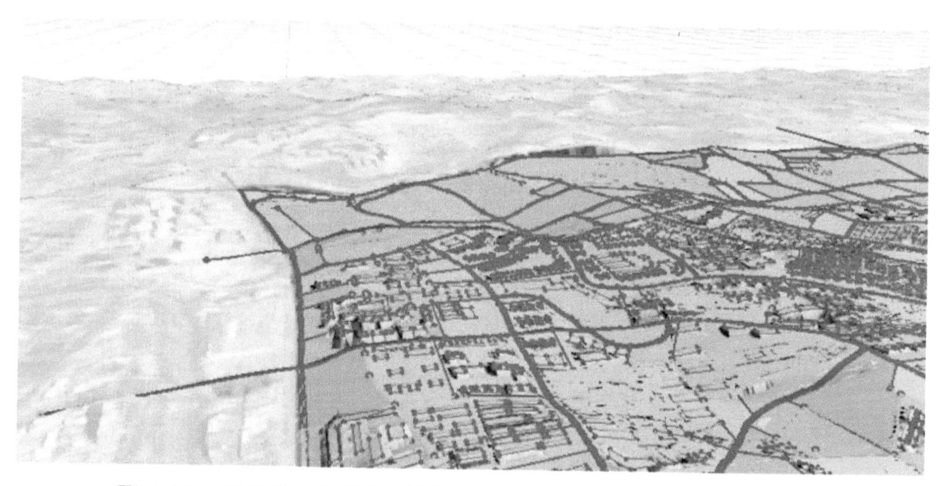

图 3-15　CE 构建的控规地形模型（地形＋构筑物基底 Shape 数据）

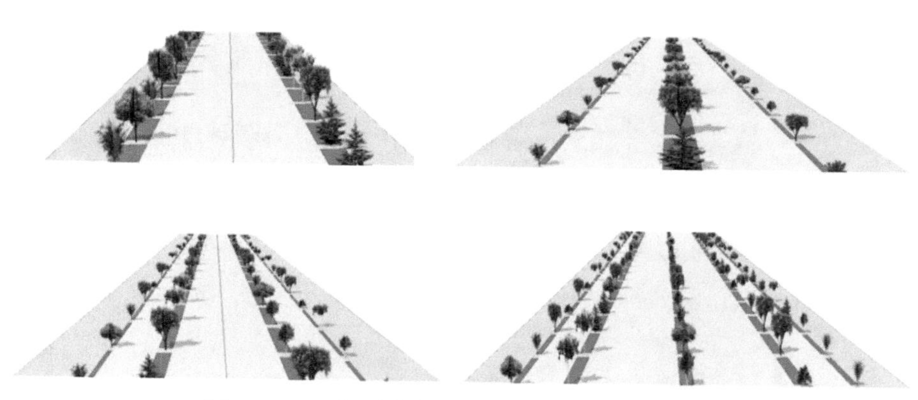

图 3-17　CE 规则建立的不同路幅的三维道路模型

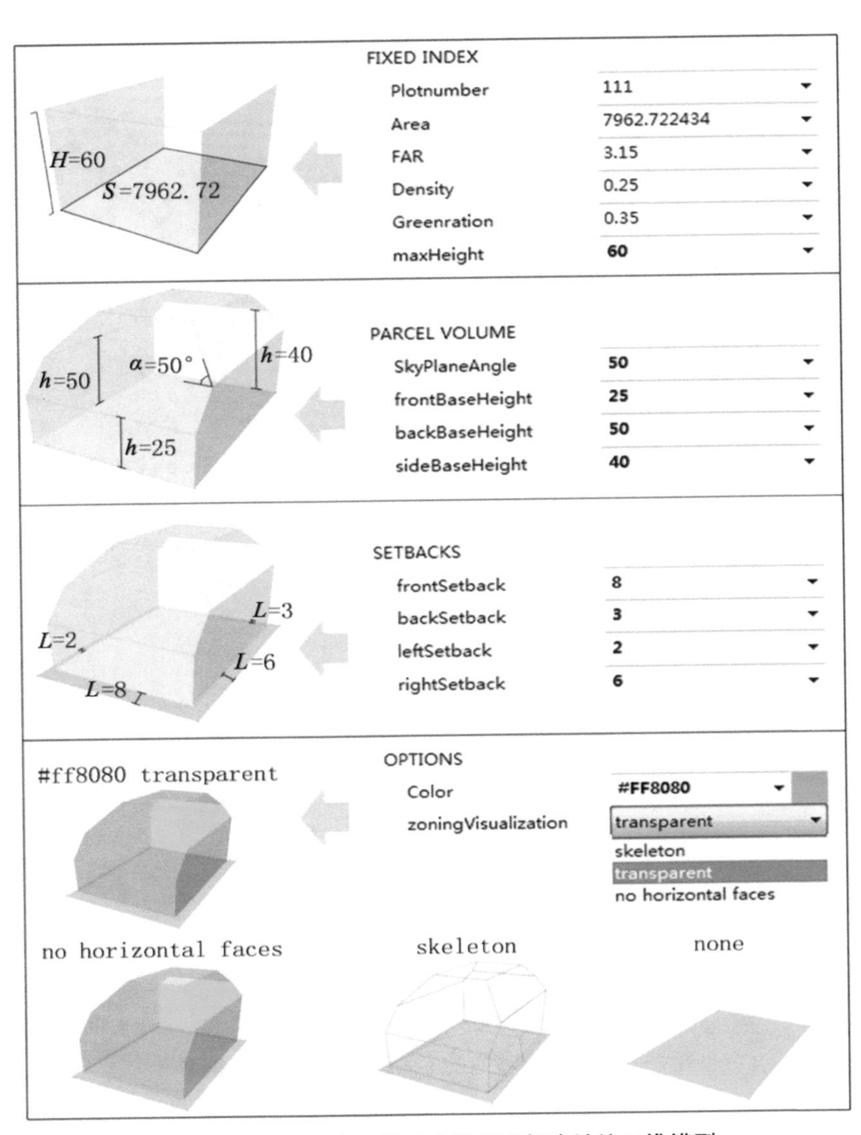

图 3-19 在检视窗口修改参数获取相应地块三维模型

控规常用的土地使用性质对应的色彩及 CGA 的颜色描述代码　　表 3-5

用地性质	控规土地利用色彩	CGA 色彩描述 attr*Color* = “”	地块三维模型
居住用地 Residential		#FFFF00 / 255,255,0	
商住用地 Residential_ Commercial		#FFA07A / 255,160,122	
行政办公用地 Administrative_Office		#FF8C00 / 255,140,0	
文化设施用地 Cultural		#CD5C5C / 205,92,92	
教育科研用地 Educational		#FF69B4 / 255,105,180	
体育用地 Sports		#00FA9A / 0,250,154	
医疗卫生用地 Medical		#FFB6C1 / 255,182,193	
商业设施用地 Commercial		#FF0000 / 255,0,0	
商务设施用地 Business		#800000 / 128,0,0	
公共设施营业网点用地 Public_Facilities		#B22222 / 178,34,34	

续表

用地性质	控规土地利用色彩	CGA 色彩描述 attr*Color* = “”	地块三维模型
其他服务设施用地 Service_Facility		#00008B / 0,0,139	
仓储物流用地 Logistics		#7B68EE / 123,104,238	
轨道交通线路用地 Rail_Traffic		#A9A9A9 / 169,169,169	
综合交通枢纽用地 Transportation_Junction		#F5F5F5 / 245,245,245	
交通站场用地 Traffic_Station		#696969 / 105,105,105	
供应、环卫、安全设施用地 Supply_Sanitation_Safety Facilities		#4682B4 / 70,130,180	
公园绿地 Park		#32CD32 / 50,205,50	
防护绿地 Green_Buffer		#ADFF2F / 173,255,47	
广场用地 Square		#DCDCDC / 220,220,220	
特殊用地 Special		#4B0082 / 75,0,130	

续表

用地性质	控规土地利用色彩	CGA 色彩描述 attr*Color* = “”	地块三维模型
水域 Water		#00FFFF / 0,255,255	

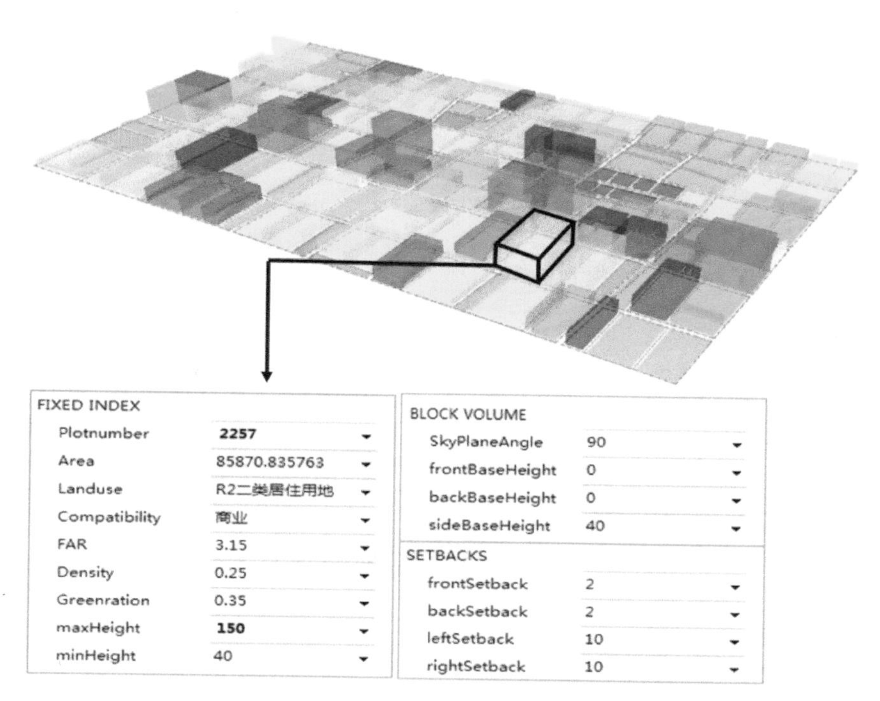

图 3-20　地块规则快速生成控规地块模型及指标信息

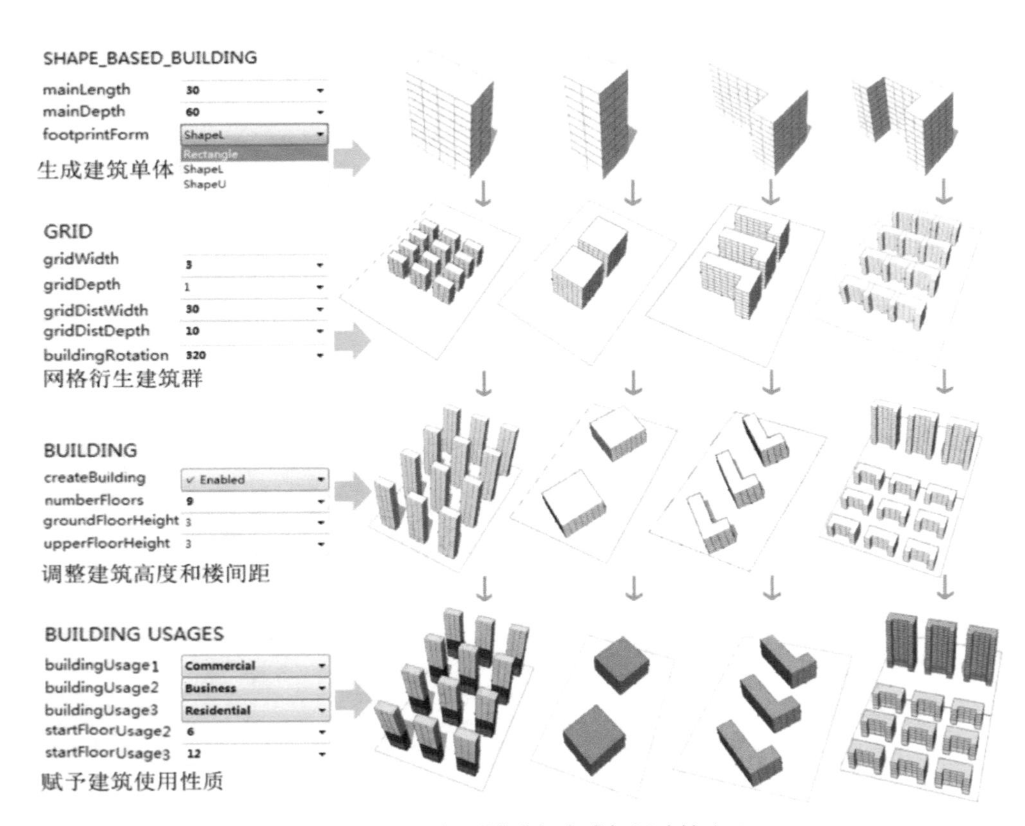

图 3-23　CGA 规则描述规生成规划建筑步骤

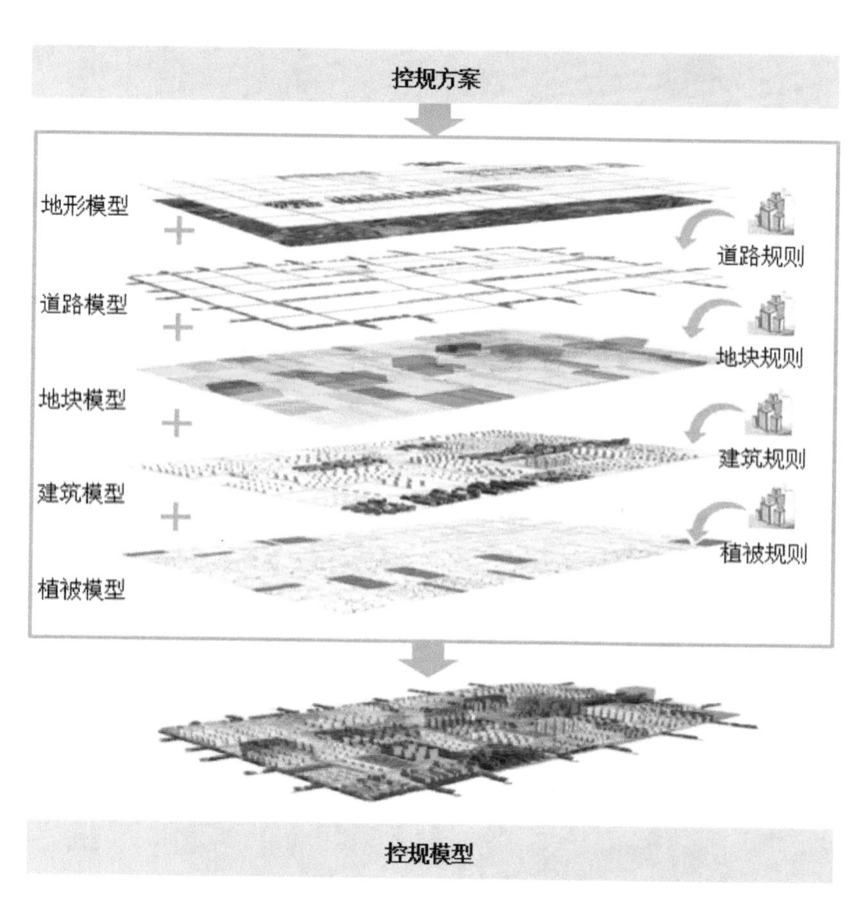

图 3-28　建模内容叠加获得控规三维模型

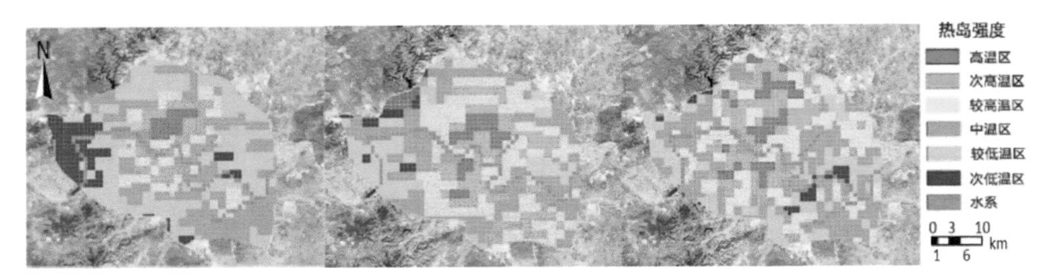

图 3-29　南宁市 2000 年、2006 年和 2010 年热岛空间分布图

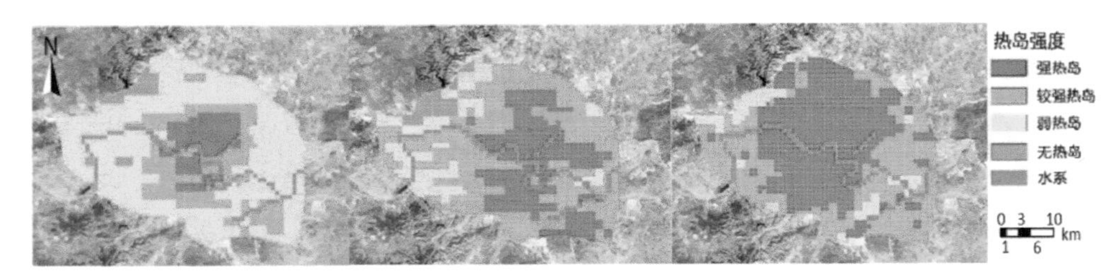

图 3-30　南宁市 2000 年、2006 年和 2010 年热岛强度分布图

图 3-31　南宁市 F 片区控制性详细规划土地利用规划图

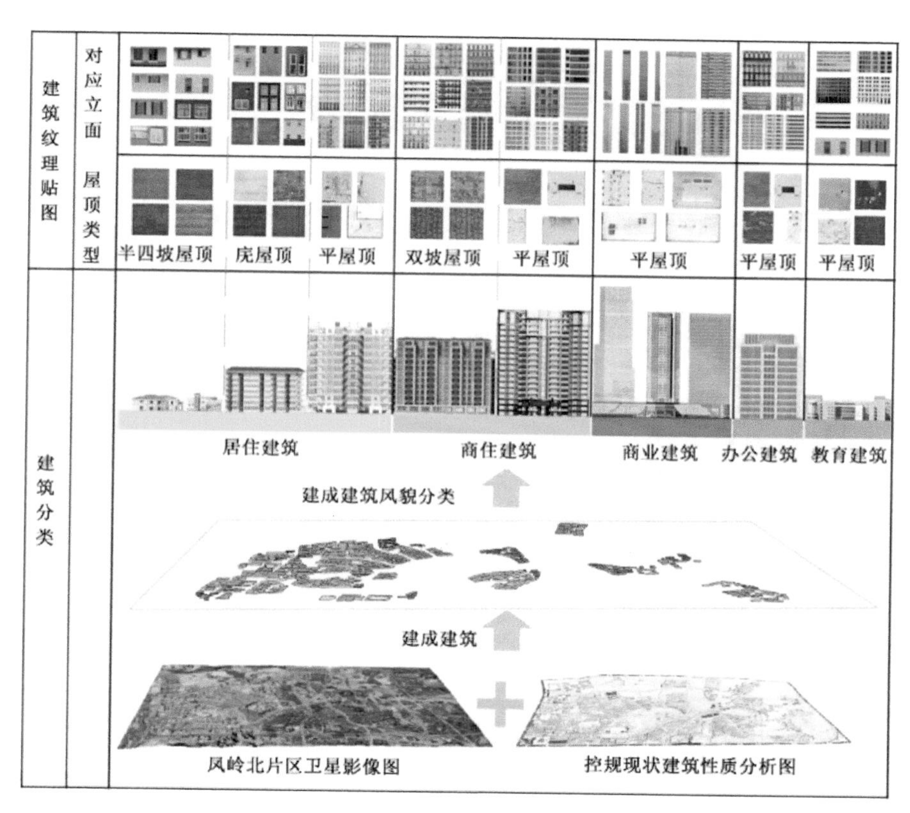

图 3-34　F 片区收集的建筑纹理贴图数据

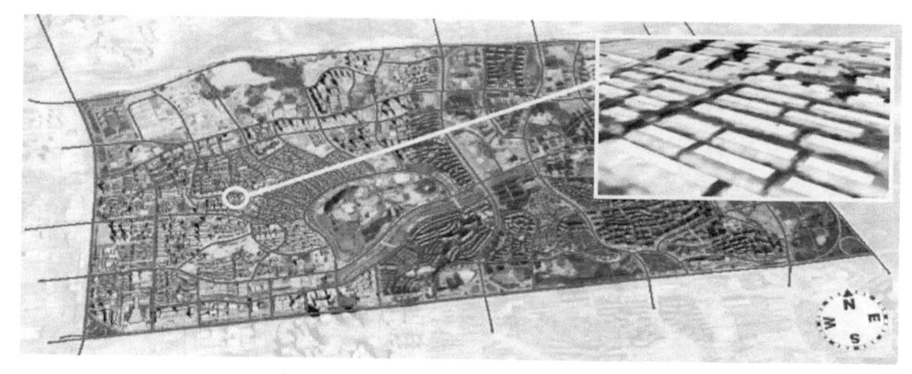

图 3-36　经过贴地处理后的建筑、道路、绿地和水系矢量数据与三维地形契合

	控规要求	CE检视窗口设置参数	对应三维地块模型
地块图则	凤010301 禁止机动车开口路段 建议机动车出入口 地块分界线 地块编号 | 用地代码及名称 | 面积（m²） | 兼容性 | 容积率 | 建筑密度（%） | 适建高度（m） | 绿地率（%） 凤010301 | R2 | 二类居住用地 | 26738 | 商业 | 3.3 | 27.2 | —— | 36	Plotnumber 凤010301 Area 26738 Landuse R2二类居住用地 Compatibility 商业 FAR 3.3 Density 27.2 Greenration 36	
高度控制图	建筑高度≤24米 24米＜建筑高度≤40米 40米＜建筑高度≤60米 60米＜建筑高度≤80米 80米＜建筑高度≤100米 建筑高度≥100米	maxHeight 80 minHeight 60	
建筑退距控制图	12米退距线 10米退距线 8米退距线 5米退距线	frontSetback 10 backSetback 8 leftSetback 8 rightSetback 5	

图 3-39　根据控规要求建立 F 片区地块凤 010301 地块模型

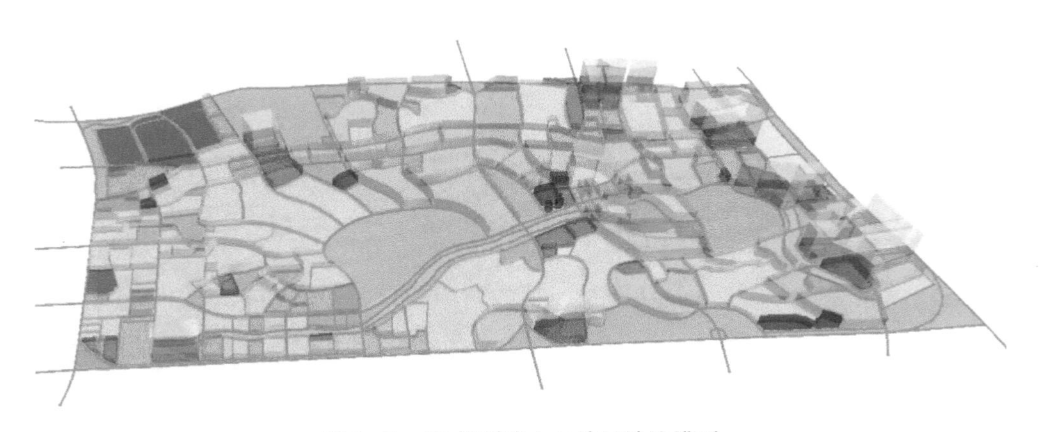

图 3-40　CE 规则建立 F 片区地块模型

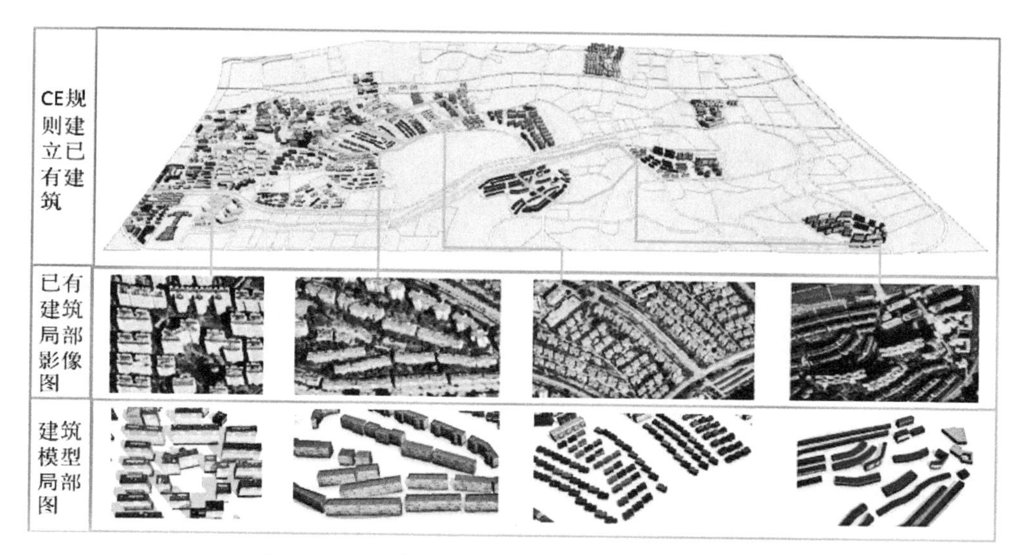

图 3-41　CE 规则建立 F 片区已有建筑三维模型

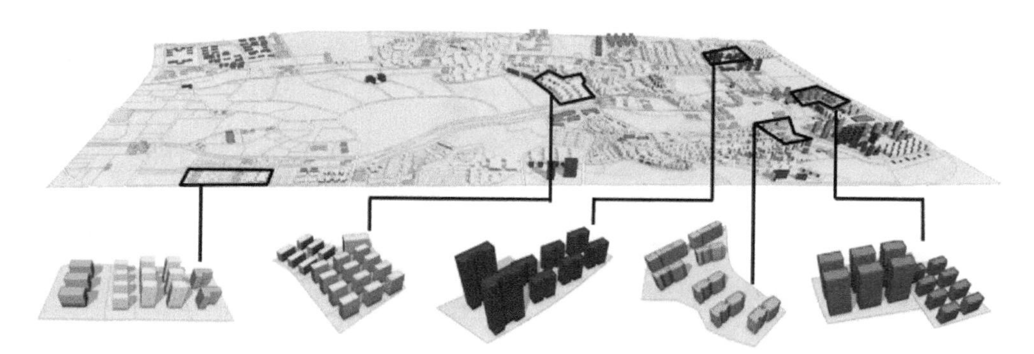

图 3-42　CE 规则建立 F 片区规划建筑三维模型

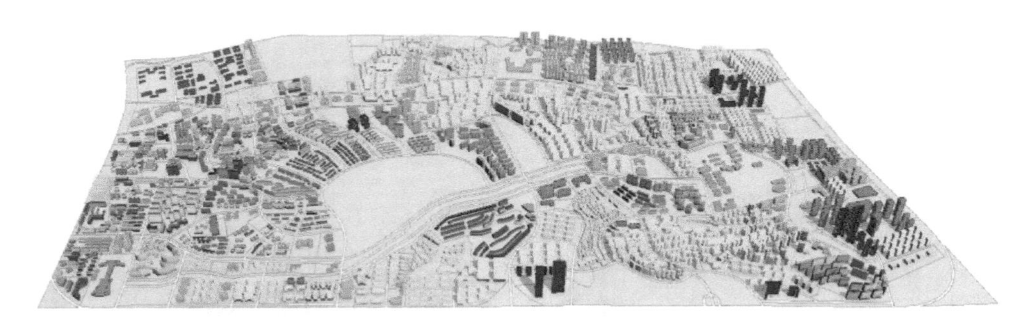

图 3-43　CE 规则建立 F 片区三维建筑模型

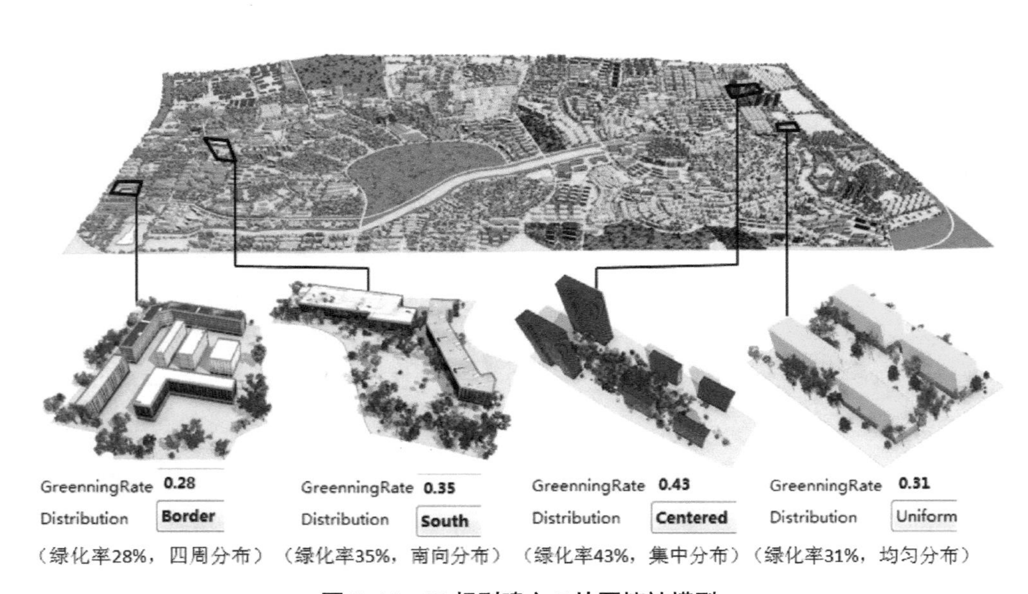

图 3-44　CE 规则建立 F 片区植被模型

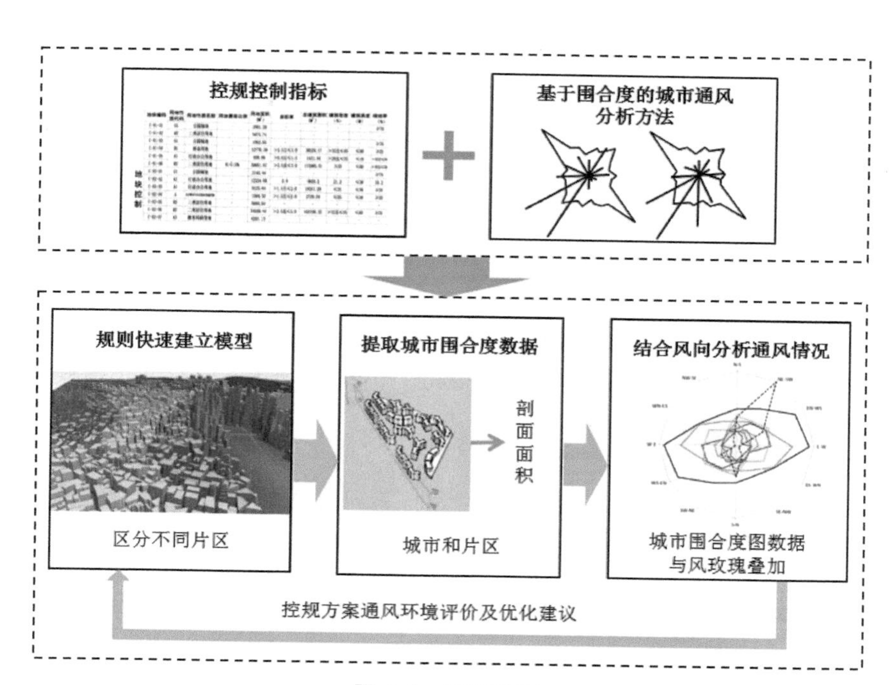

图 4-1　研究流程

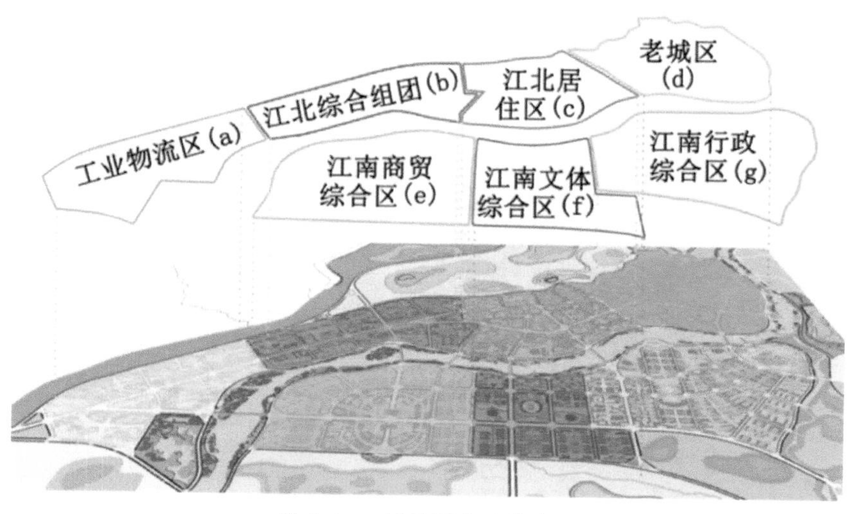

图 4-3　L 城的城市功能分区

图 4-4　L 城的山地地形构建

图 4-6　L 城的三维地形与二维建筑基底结合

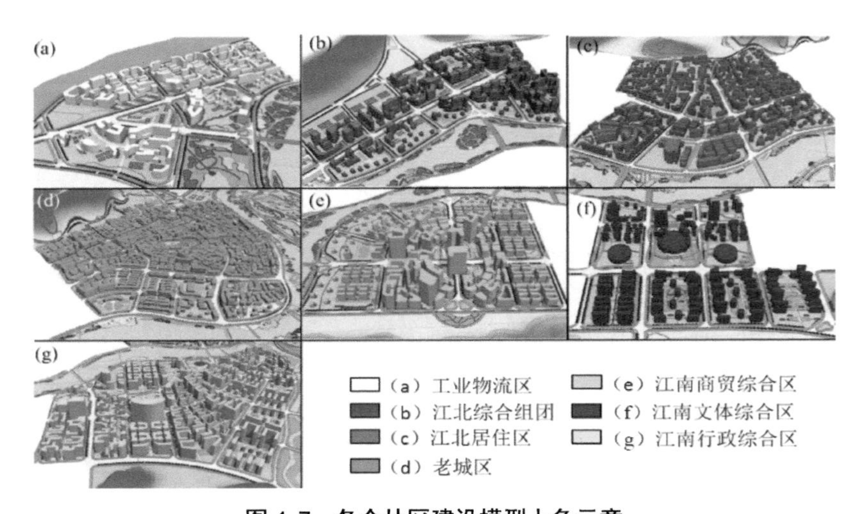

图 4-7　各个片区建设模型上色示意

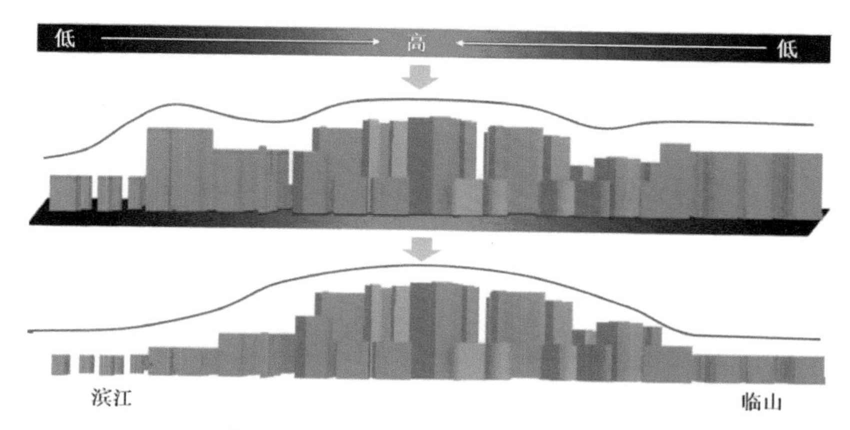

图 4-8　高度映射图批量修改建筑高度

图 4-9　各个片区建设模型上色示意

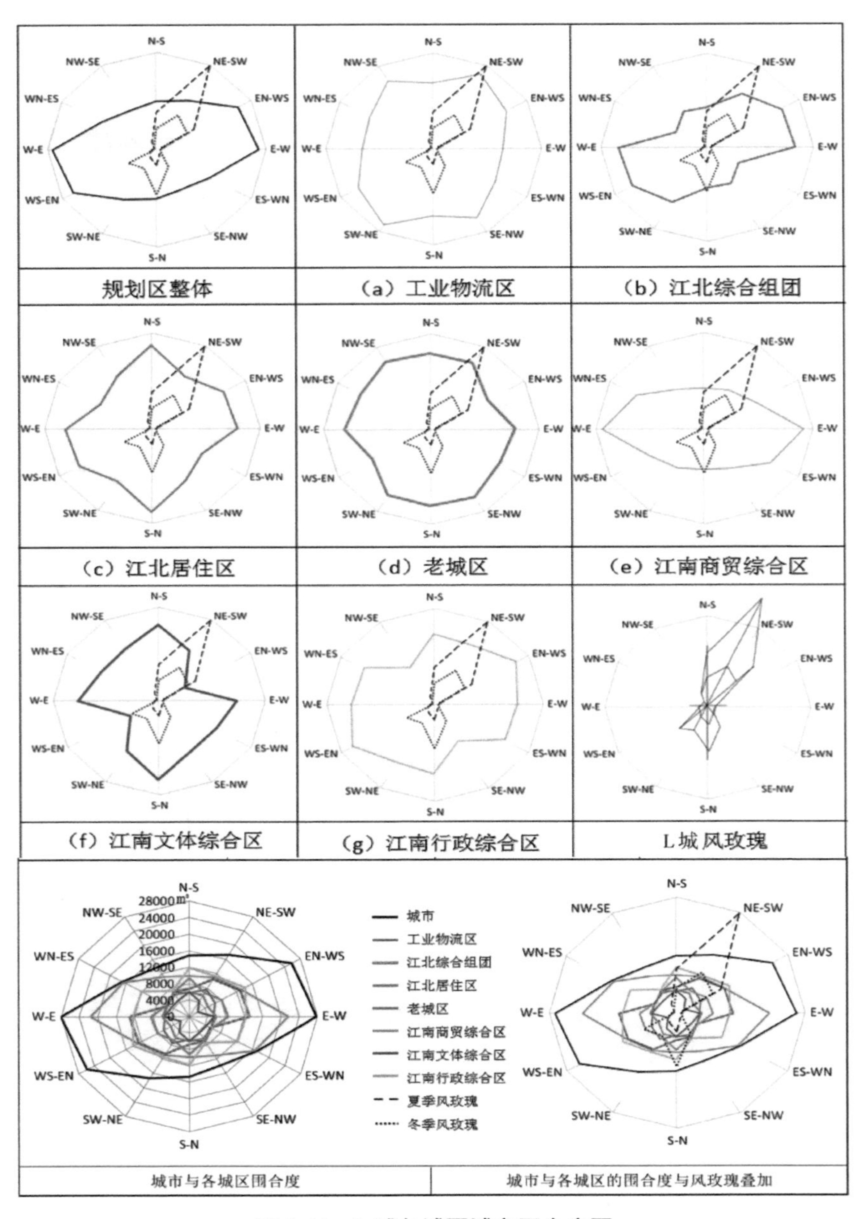

图 4-10　L 城各城区城市围合度图

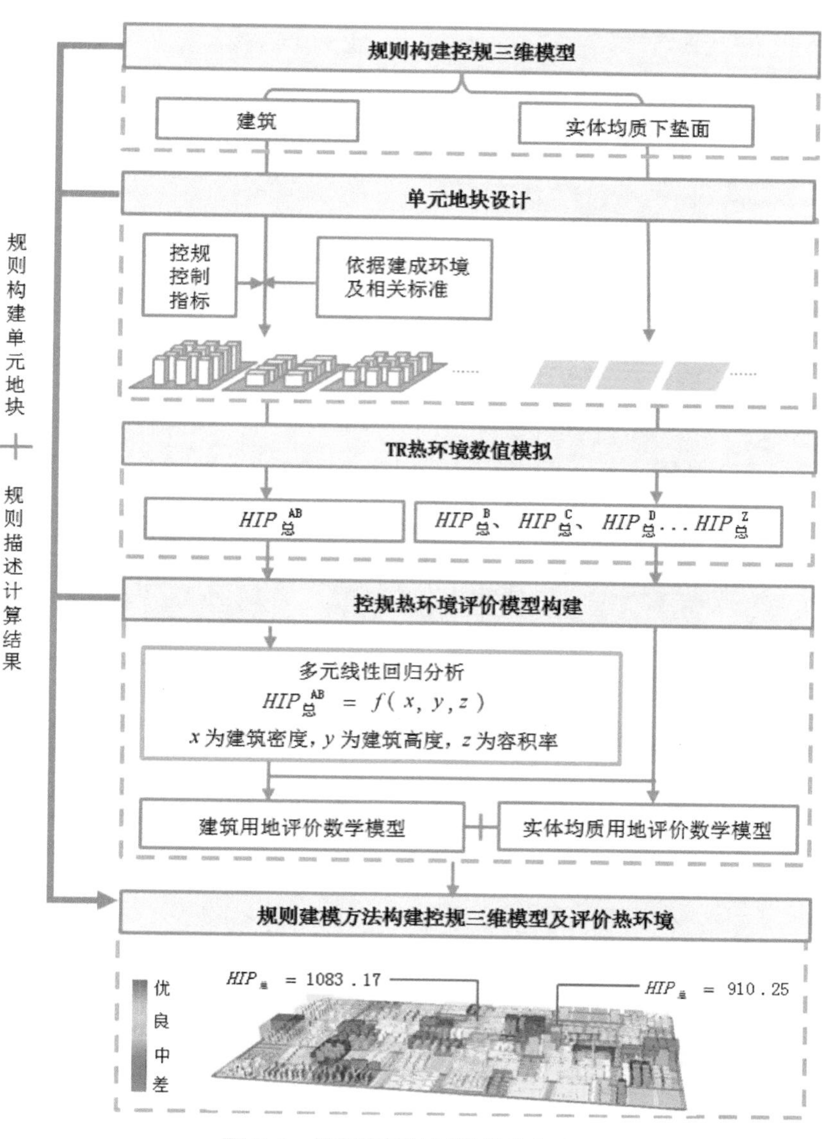

图 5-2　控规模型热环境评价方法

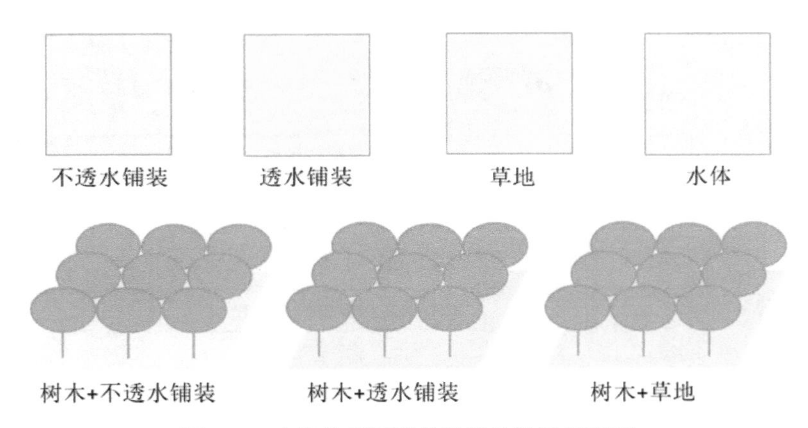

图 5-3　实体均质要素单元地块设计示意图

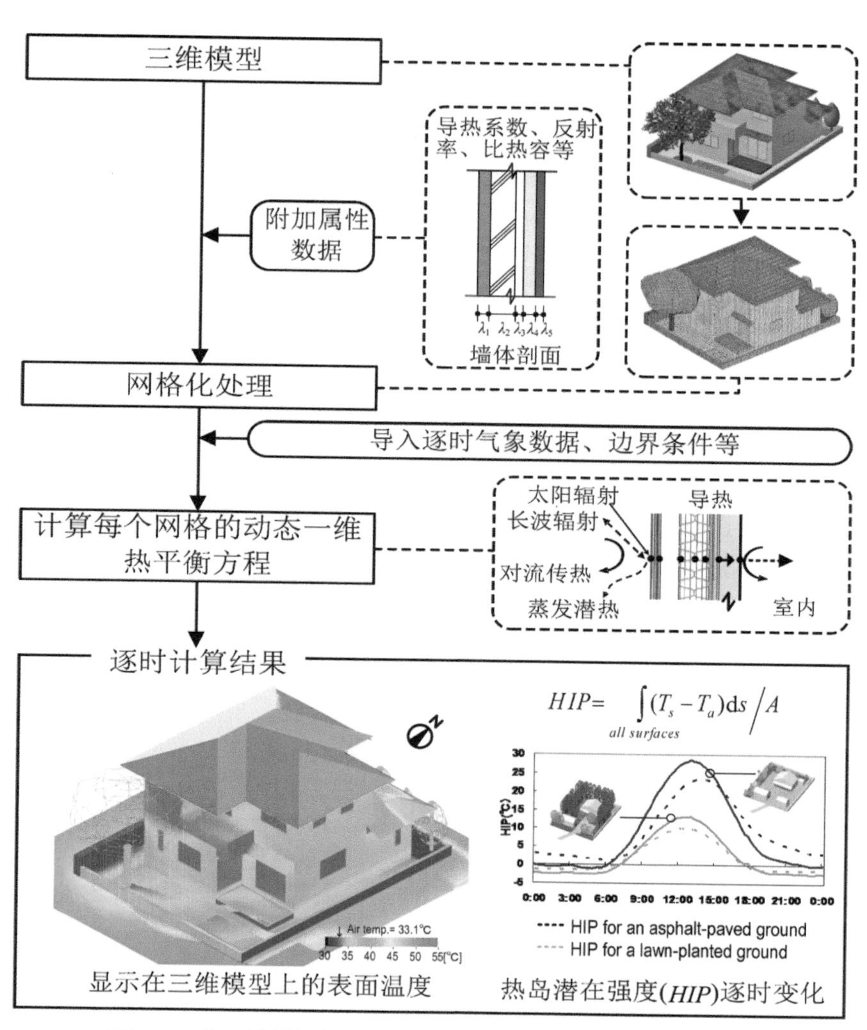

图 5-8　热环境模拟软件（ThermoRender）的计算流程示意图

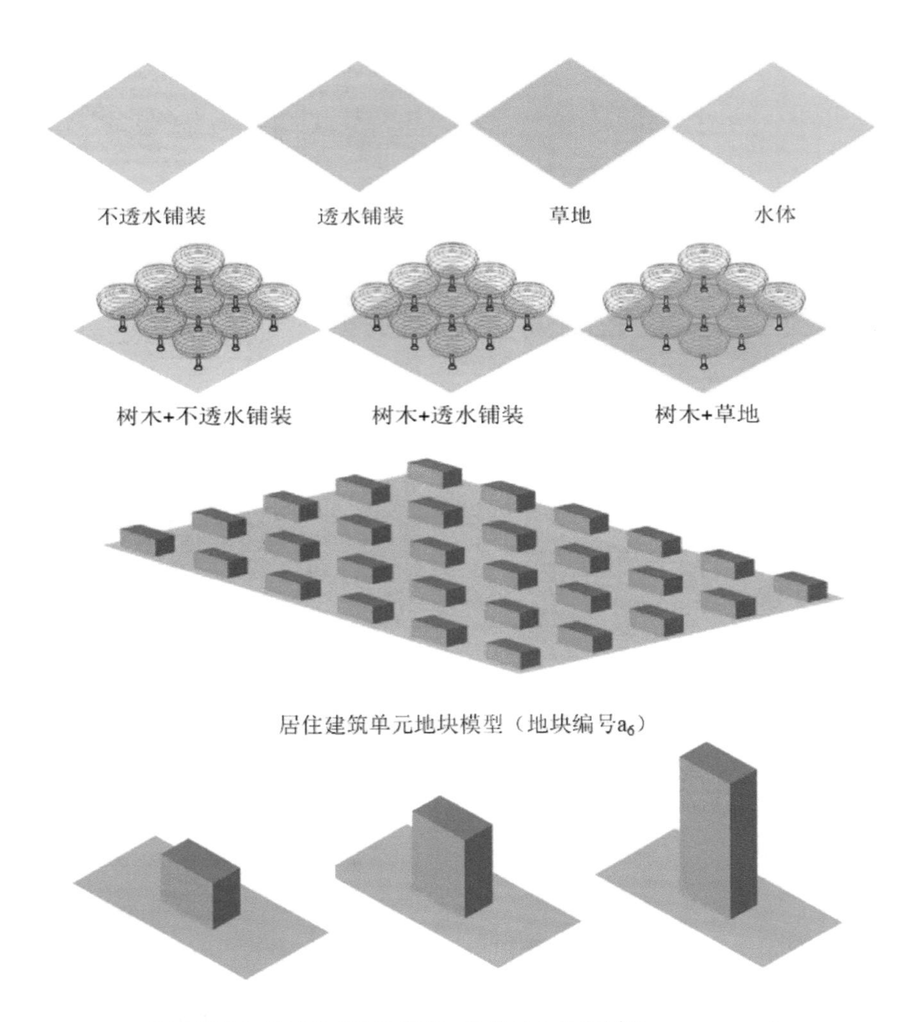

图 5-9　构建的各类单元地块热环境数值模拟模型

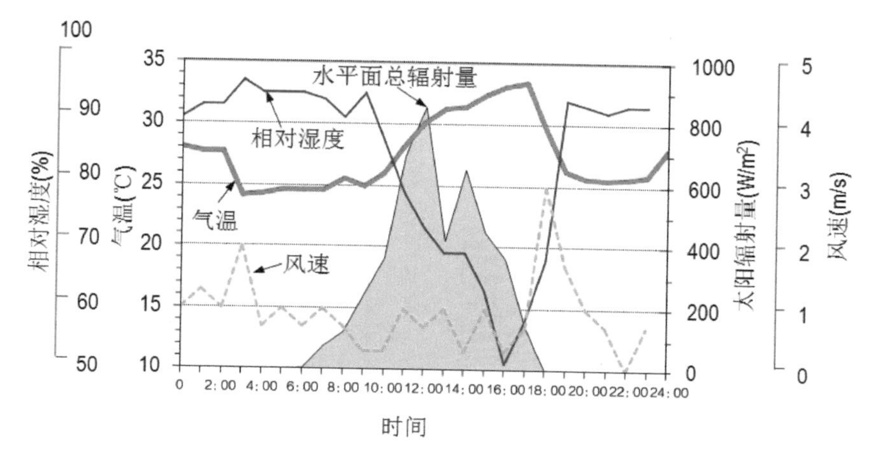

图 5-10 南宁市典型夏日晴天的气象参数日变化

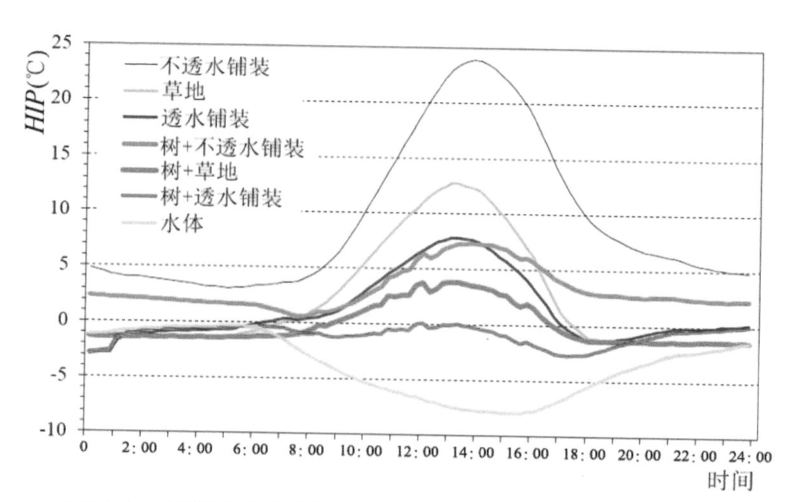

图 5-11 下垫面和植物单元地块的典型夏季晴天 HIP 逐时变化

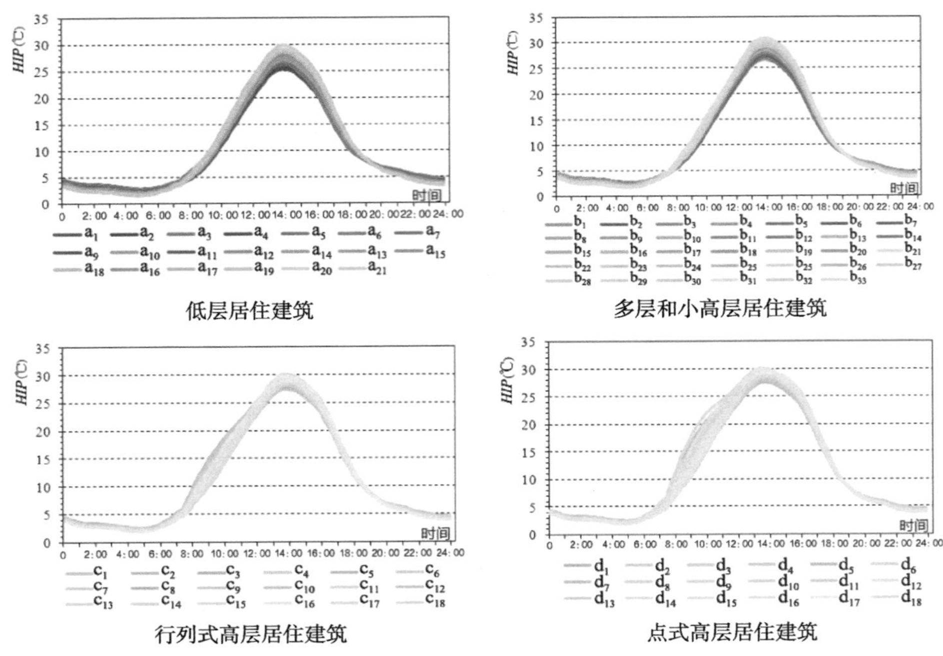

图 5-13　各类居住建筑地块一天各个时刻的 *HIP* 曲线图

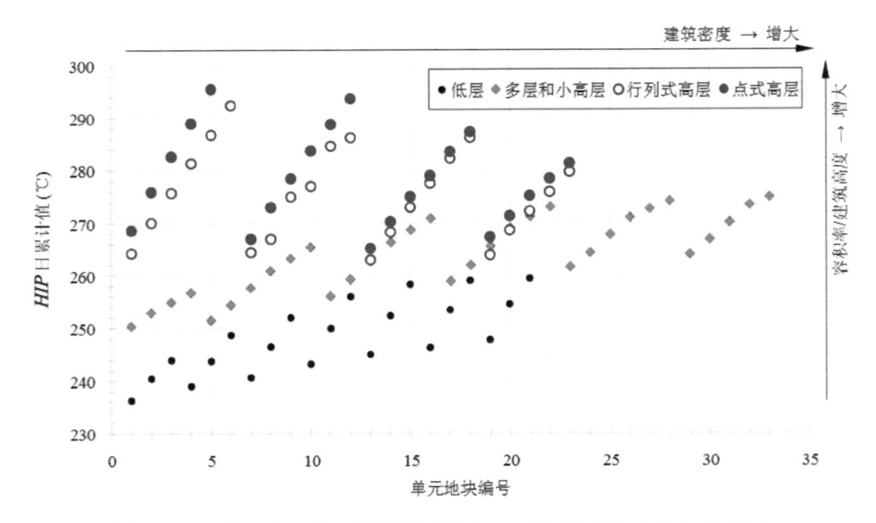

图 5-14　居住区各类建筑单元地块 *HIP* 日累计值的散点分布图

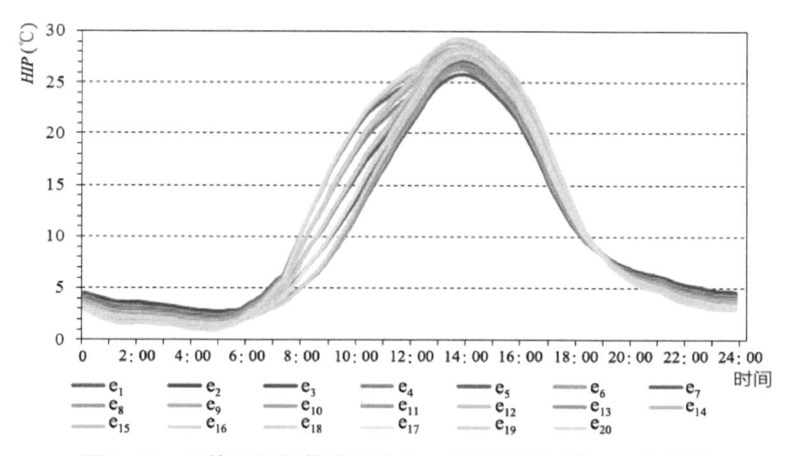

图 5-15 下垫面和植物单元地块一天各个时刻的 *HIP* 曲线图

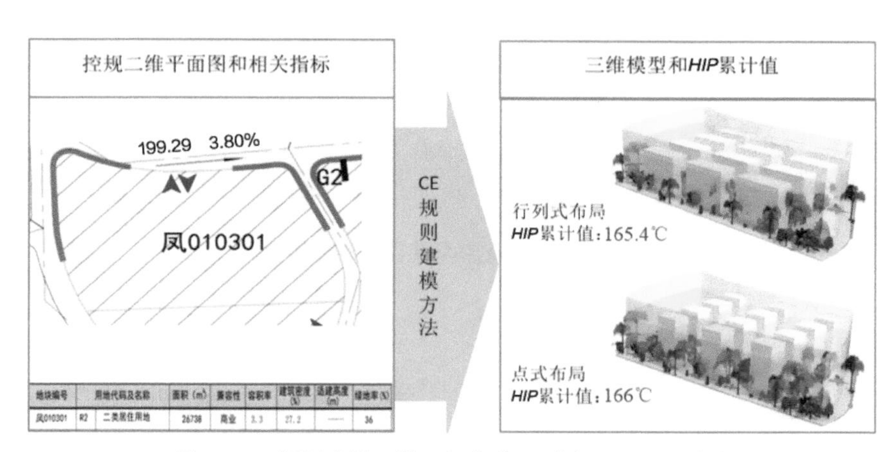

图 5-18 规则建模三维可视化获取对应 *HIP* 日累计值

城市热环境等级划分 表 5-24

热环境等级	*HIP* 日累计值（℃）	等级色彩	色彩代码
一级（Level 1）	$HIP_{总} \leq 70$		#1E90FF
二级（Level 2）	$70 < HIP_{总} \leq 130$		#7CFC00
三级（Level 3）	$130 < HIP_{总} \leq 180$		#FFC125
四级（Level 4）	$180 < HIP_{总}$		#FF3030

图 5-19 F 片区热环境等级划分模型